Event-triggered Attitude and Orbit Control of Communication Satellites

事件驱动的通信卫星姿轨控制

邹恒光　史大威　著
杨凌轩　王军政

北京理工大学出版社
BEIJING INSTITUTE OF TECHNOLOGY PRESS

内 容 简 介

本书基于作者多年的工程经验积累，结合自抗扰控制与模型预测控制理论，研究了事件驱动控制策略在卫星姿轨控制中的应用和相关的理论与工程问题。

本书从通信卫星姿轨控制系统设计开始，介绍事件驱动自抗扰控制和事件驱动模型预测控制在卫星控制中的应用与相关算法设计，包括姿态控制、轨道控制与姿轨耦合控制。其中，算法设计章节包含数值仿真，用以验证所提算法的有效性；在有些章节，设计了理论推导和证明。为了更好地掌握本书内容，读者应具备一定的高等数学和控制理论基础。

本书适于航天或控制专业的本科高年级学生和研究生使用，也可供具有航天背景的工程师或科研人员参考。

图书在版编目（CIP）数据

事件驱动的通信卫星姿轨控制／邹恒光等著．－－北京：北京理工大学出版社，2021.7

ISBN 978－7－5763－0110－6

Ⅰ.①事… Ⅱ.①邹… Ⅲ.①通信卫星－飞行控制

Ⅳ.①V474.2

中国版本图书馆 CIP 数据核字（2021）第 151909 号

出版发行／北京理工大学出版社有限责任公司
社　　　址／北京市海淀区中关村南大街 5 号
邮　　　编／100081
电　　　话／（010）68914775（总编室）
　　　　　　（010）82562903（教材售后服务热线）
　　　　　　（010）68944723（其他图书服务热线）
网　　　址／http://www.bitpress.com.cn
经　　　销／全国各地新华书店
印　　　刷／三河市华骏印务包装有限公司
开　　　本／710 毫米×1000 毫米　1/16
印　　　张／13.75
彩　　　插／8　　　　　　　　　　　　　　责任编辑／曾　仙
字　　　数／235 千字　　　　　　　　　　　文案编辑／曾　仙
版　　　次／2021 年 7 月第 1 版　2021 年 7 月第 1 次印刷　　责任校对／周瑞红
定　　　价／92.00 元　　　　　　　　　　　责任印制／李志强

前　言

通信卫星是卫星通信网的重要组成部分，其不仅在水利防汛、抢险救灾、勘探科考等民用领域起着关键作用，而且在国防领域具有重要意义。随着通信卫星逐渐由单星向星群/星座发展，通信卫星姿轨控制对精度和稳定性的要求越来越高。通信卫星的姿轨控制包含姿轨控制系统设计、姿态控制、轨道确定、变轨与轨道保持等方面。由于通信卫星的工作环境特殊（多为高轨卫星），且星上资源（总线、推力器、有效载荷等）有限，因此卫星姿轨控制器不仅要抵抗空间环境中的摄动力与力矩，还要满足各类约束条件。然而，传统的基于偏差和解析方程的特殊点修正方法存在一定的局限性。因此，如何优化使用有限的星上资源，以提升通信卫星姿轨控制的精度与效率，是本书关注的重点。

本书基于笔者多年的工程经验积累，结合自抗扰控制与模型预测控制理论，研究了事件驱动控制策略在卫星姿轨控制中的应用，以及相关的理论与工程问题。事件驱动控制是在网络化控制背景下发展起来的控制算法，其主要特点是：可以预先设计相应的事件驱动条件，仅当驱动条件满足时执行相关指令，如控制、采样、状态更新等。事件驱动控制有助于降低通信频率、提高采样效率、优化控制性能等。由于通信卫星星座的发展对姿轨控制精度提出更高的要求，且通信卫星星上资源有限，因此基于事件的采样与控制对优化通信卫星星上资源利用、改善姿轨控制性能有重要意义。

本书将从通信卫星姿轨控制系统设计开始，介绍事件驱动自抗扰控制和事件驱动模型预测控制在卫星控制中的应用与相关算法设计，包括对姿态的控制、对轨道的控制与姿轨耦合控制。其中，算法设计章节包含了数值仿真，用于验证所提算法的有效性；在部分章节中有理论推导和证明。为了更好地掌握本书内容，读者应具备一定的高等数学和控制理论基础。本书可以供航天或控制专业的本科高年级学生和研究生使用，也可供具有航天背景的工程师或科研人员参考。

本书共由 10 章组成。第 1 章简要介绍通信卫星姿轨控制系统相关背景与本书的研究意义，以及当前国内外的研究进展；第 2 章从通信卫星任务分析与参数分配着手，论述了通信卫星姿轨控制系统的工程设计方法与流程；第 3 章与第 4 章分别介绍了事件驱动自抗扰控制与事件驱动模型预测控制的技术背景、基本原理与相关研究的进展；第 5 章提出了针对通信卫星姿态跟踪控制的事件驱动自抗扰控制器，包含一定的理论证明与仿真验证；第 6 章针对卫星定轨问题，设计了事件驱动学习的无迹卡尔曼滤波定轨算法；第 7 章针对静止轨道卫星位置保持控制问题，提出了事件驱动的模型预测控制器与基于高斯过程的摄动估计与预测方法，并通过仿真验证了算法的有效性；第 8 章针对通信卫星编队，提出了基于管道的模型预测控制器，并通过事件驱动策略在保证控制性能的基础上降低了控制频率；第 9 章针对通信卫星的姿轨耦合控制问题，提出了基于对偶四元数的事件驱动自抗扰姿轨耦合控制器，并通过数值仿真验证了算法的有效性；第 10 章是对本书的总结与未来可能相关的研究内容展望。本书各章内容的关系如图 0-1 所示。

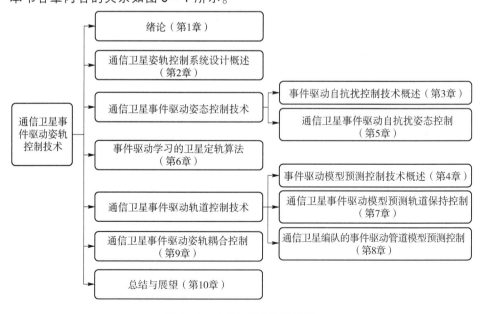

图 0-1 本书各章内容的关系

　　衷心感谢北京理工大学伺服运动系统驱动与控制工业和信息化部重点实验室对本书撰写的大力支持；感谢北京理工大学研究生宋继良、李双汐、李春晖、郑凯凯、崔凯欣对本书撰写提供的宝贵意见；感谢中国空间技术研究院周钠、张磊在本书撰写过程中提供的建议与支持。

　　事件驱动控制理论在网络化控制领域已有较多发展，但是事件驱动控制在卫星姿轨控制领域的应用才起步，相关研究还不尽完善。本书内容基于笔者的相关研究与工程经验总结完成，难免有不妥之处，敬请读者批评指正。

2021 年 6 月于北京

目　　录

第 1 章

绪 论

通信卫星是指用作无线电通信中继站的人造地球卫星，其在民用与国防领域均具有重要意义。自 1958 年美国发射世界上第一颗试验通信卫星[1]以及 1965 年美国发射世界上第一颗实用静止轨道通信卫星——国际通信卫星 1 号[2]以来，通信卫星已逐步成为世界上应用最早且应用最广的卫星之一。

按照通信卫星运行的轨道不同，通信卫星可大致分为低轨道通信卫星（LEO）[3-5]、中轨道通信卫星（MEO）[6-8]、地球静止轨道通信卫星（GEO）[9-11]。此外，还有个别特殊轨道类型（如倾斜地球同步轨道通信卫星（IGSO）[12]、闪电轨道通信卫星（Molniya）[13]等），以适应不同的通信需求。

地球静止轨道位于地球赤道上空 35 786 km 处，卫星在此轨道上的运行周期是 23 小时 56 分 4 秒，与地球自转一周的时间恰好相等[14]。基于此特性，从地面用户和信关站观察 GEO 通信卫星，卫星就像固定在天上不动。这就使得地面接收的工作方便很多，地面的发射/接收天线可以固定对准卫星，昼夜不间断地进行通信，不必像跟踪其他轨道卫星一样四处"晃动"而导致通信时断时续。因此，GEO 通信卫星是目前国际上用途最广、数量最多、效益最好的通信卫星类型。静止轨道卫星都必须分布在赤道上空的同一个圆环上，在运行过程中，为了避免卫星受到不良的频率干扰，需要把静止轨道卫星分开放置，这就意味着轨道位置是有限的，因此静止轨道上运行的卫星数量也是一定的。目前，轨位资源的分配是由国际电联（ITU）来协调的。早期为了防止信号相互干扰，要求每两颗卫星之间的间距是 3°，这样整个静止轨道条带上最多只能放置 120 颗卫星。随着需求的日益增长，以及控制技术的提升，目前通常情况下，单颗静止轨道卫星占有赤道精度约 ±0.1°，按 ±0.1°平均分配赤道经度，可以有 1800 颗静止轨道卫星。然而，在国际电联注册的静止轨道卫星已经超过 2300 颗，这使得地球静止轨道的轨位资源十分紧缺，而且这个问题在一些热点区段更为明显[15]。为了应对轨位紧缺的问题，有时需要双星甚至多星共享同一定点经度，这样对于卫星的姿轨控制精度提出了更高的要求。本书主要针对 GEO 通信卫星的姿轨控制问题进行讨论。

1.1　通信卫星姿轨控制基本问题

通信卫星姿轨控制包括姿态和轨道控制分系统设计、姿态确定与控制、轨道确定与控制、姿轨耦合控制。通信卫星一般由有效载荷和卫星平台两部分组成。其中，有效载荷完成通信任务，一般由转发器和通信天线组成[16]。卫星平台为有效载荷正常工作提供各方面支持和保障，一般包括结构分系统、热控分系统、姿态与轨道控制分系统、推进分系统、供配电分系统、测控分系统及数据管理分系统。姿态与轨道控制分系统用于控制卫星的轨道和姿态，是卫星平台的重要组成部分。卫星由运载火箭发射入轨后，需要依赖自身能力控制到达目标轨道和位置，以确保有效载荷能够正常工作。在到达目标轨道的过程中，要根据卫星上各种敏感器和控制执行机构安装布局所受的限制、推力大小限制，控制卫星运行在相对于某参考坐标系的特定姿态下，保证推力器点火方向进行点火，以较优的策略控制卫星到达目标轨道。在目标轨道上运行时，卫星应运行在一定的参考姿态下，保证载荷能够工作；同时，由于受各种天体摄动影响，因此要定期进行轨道维持控制。以上这些姿态确定、姿态控制和轨道控制等任务都是由姿态和轨道控制分系统完成的。

为了保证卫星对地覆盖的连续性以及星间链路的稳定性，就需要对姿态进行控制。姿态控制系统在卫星姿态机动、姿态跟踪和高精度指向方面起着重要作用。刚性卫星的运动学和动力学方程具有高度耦合的非线性特性，而且控制系统可能受到外部干扰、惯量矩阵不确定性、执行器故障等影响，这使得卫星的姿态控制问题变得棘手[17-18]。因此，所采用的控制技术应该对各种干扰及被控对象模型具有一定的鲁棒性。在传统的数字控制系统中，为了获得闭环控制系统相应的期望性能，同时保证其稳定性，所选取的采样周期一般很小，这在控制系统中会造成频繁的数据传输和计算。然而，卫星上嵌入式控制系统中的通信和计算资源有限[19-20]，当控制系统的状态趋于稳定时或者闭环系统处于理想工作状态下，就不需要频繁地传递采样信号，这时如果数据采样或控制周期仍然固定不变，就可能造成不必要的通信和计算资源的浪费。

理想的地球静止轨道周期等于地球自转周期，轨道倾角为 0°，偏心率为 0。但实际上，受各种摄动力的影响以及卫星自身的不确定性，卫星在运行一段时间后便会偏离所设计的运行轨道。为使静止轨道卫星保持在一定范围内，必须对卫星进行控制，将此称为位置保持[21]。卫星轨道确定是卫星测量、控制和安全运行的基础，具有高实时性与高可靠性的定轨算法是通信卫星高精度轨道控制的保障。此外，卫星受大气阻力、太阳光压等摄动的影响，其运行过程为多变量高维复杂的系统，难以对其建立精确的数学模型，并且其结构、参数以及环境具有不确定性、时变性、非线性的特点，这为静止轨道卫星的高精度位置保持控制带来挑战。对于通信卫星编队，由于轨位不同，编队内各卫星所受摄动不同，为了实现卫星编队的构型保持与姿态协同指向，还需要考虑编队构型的鲁棒控制与姿轨耦合控制问题。

针对上述问题，本书以通信卫星为研究对象，探究通信卫星姿轨控制系统设计方法，在通信资源受限及存在外部干扰和内部不确定性的情况下，设计事件驱动姿轨控制算法，并针对姿轨耦合控制问题进行研究，进而分析探讨相关算法在工程实践中的优势与局限，为后续算法的优化与应用奠定坚实的基础。本书中各部分研究内容的关系如图 1.1 所示。

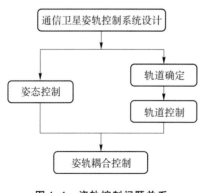

图 1.1　姿轨控制问题关系

|1.2　卫星姿态控制与位置保持算法|

1. 通信卫星姿态控制

姿态控制问题包括姿态跟踪和姿态镇定，在过去的几十年里，学者们对卫星姿态控制问题进行了广泛而深入的研究，提出了多种控制策略，如滑模控制[22-26]、自适应鲁棒控制[27-31]、最优控制[32-37]等。文献[38] 将滑模控制分别与自适应律和扩张状态观测器相结合，提出了两种滑模控制器，用于解决在存在惯性不确定性和外部环境干扰时的卫星姿态控制问题。文献[39] 整合了鲁棒控制、自适应控制和鲁棒输出调节理论等技术，解决了在一类具有无界持续扰动下的卫星姿态跟踪问题。文献[40] 将自适应控制方法以及最优控制方法相结合，提出了一种逆最优自适应控制律，该控制律可解决具有外部干扰和不确定性的惯量矩阵的刚性航天器姿态跟踪问题。文献[41] 研究解决了在无须惯量矩阵信息且存在执行器故障和外部环境干扰时，航天器姿态跟踪故障容错问题。文献[42] 提出了一种自适应滑模控制器，完成了在具有外部干扰和反作用轮故障时对刚体卫星的姿态跟踪控制。

事件驱动控制是一种非周期性控制，其设计思路在于，只有当系统的某个性能指标超出一定阈值时才传递传感器信号或更新控制信号，而设计者可以根据实际需求来设计这些性能指标。1999 年，文献[43] 首次提出了事件驱动概念，并已应用于许多控制问题[44-47]，包括卫星的姿态控制问题[48-51]。文献[48] 提出了一种事件驱动控制方法，在解决航天器姿态镇定问题的同时减少了控制律更新，但未考虑干扰的影响。针对与文献[51]同样的问题，文献[49] 提出了两种类型的事件驱动条件，即固定和相对阈值策略。文献[50] 研究了存在外部干扰情况下，卫星姿态镇定的事件驱动控制问题。在存在外部干扰和执行器故障情况下，文献[51] 结合观测器设计了一种事件驱动控制器，在保证卫星姿态镇定的同时减少了控制律的更新频率。

需要指出的是，文献[48]～[51] 研究了姿态镇定的问题，而本书将研究在同时存在惯量矩阵不确定性和外部干扰的情况下，事件驱动的卫星姿态跟踪控制问题。特别地，本书将研究如何设计触发条件减少状态信息的传输频率，而不是控制更新频率。此外，惯性不确定性会与我们所要控制的系统状态耦合，使得在存在惯性不确定性时事件驱动姿态跟踪变得更加困难。

自抗扰控制方法能有效抑制干扰，得到广泛应用[52-55]。文献［52］运用自抗扰控制技术解决了灵活卫星系统的大型天线指向控制问题。文献［53］基于自抗扰控制技术解决了在存在不确定和干扰的情况下，永磁同步电机的角速度轨迹跟踪问题。文献［54］利用自抗扰控制技术解决了定义在非反馈线性化旋转倒立摆轨迹跟踪问题。在有外界扰动的情况下，文献［55］结合自抗扰控制技术并采用自适应增益参数以补偿已知界限的干扰，解决刚性航天器姿态跟踪控制问题。

2. 静止轨道卫星位置保持

理想的地球静止轨道周期等于地球自转周期，轨道倾角为 0°，偏心率为 0，卫星的星下点固定不变，这也是地球静止轨道被广泛用于对地观测、通信等领域的原因。然而，受各种摄动因素的影响，卫星的轨道参数不断变化，不可能存在理想的地球静止轨道。实际的地球静止轨道都是准静止轨道，轨道的倾角和偏心率都很小。针对地球静止轨道卫星的位置保持问题，国内外的学者们进行了广泛且深入的研究，并且随着对控制精度越来越高的要求，各种先进控制算法层出不穷。

通常情况下，当卫星的经度或纬度达到允许边界时，对卫星施加合适的控制，不同的保持精度要求相应的控制周期不同，控制策略也可能不同。传统的静止轨道卫星位置保持控制方法主要分为两部分：一部分是为了抑制经度漂移以及偏心率控制而进行的东西方向的位置保持，简称"东西位保"；另一部分是为了抑制倾角偏差而进行的南北方向的位置保持，简称"南北位保"。文献［56］提出了一种同时进行偏心率控制和经度漂移控制的方法。文献［57］研究了在推力器存在响应下降的情况下如何实现可靠的东西/南北位保。

近年来，对于静止轨道卫星控制方法的研究逐渐从非自主控制转向自主控制。文献［58］设计了一种基于反馈控制的自主闭环位置保持算法。文献［59］、［60］给出了一种同时进行东西/南北位保的自主控制结构，并在其基础上利用线性二次高斯算法设计了基于相对轨道动态系统的线性二次最优控制器。文献［61］研究了基于伪谱法的脉冲最优反馈控制器，同时使用了滚动时域的方法来使得静止轨道上的通信卫星保持在控制环内。文献［62］、［63］在春分点轨道根数基础上设计了基于积分动态规划的最优控制器，并给出了在电推进下燃料最小的长期位保策略。文献［64］、［65］基于相对春分点轨道根数模型，使用凸优化的方法设计了静止轨道卫星的位置保持策略，并将其与传统的东西位保方式以及开环滚动时域优化方法进行了比较。文献［66］~［70］中研究了使用模型预测控制实现对包含飞轮的低推力卫星的位置保持以及动量管理的方法，其将卫星的位置保持、姿态控制以及动量管理合并在一起求解，通过施加合适的约束，实现了对卫星轨道以及姿态的控制。

对于通信卫星，星上有限的计算资源会导致一些计算量稍大的控制算法难以应用于卫星控制，从而制约通信卫星自主智能控制的发展。同时，在通信卫星控制中，频繁的轨道控制不仅会造成不必要的燃料消耗，还会导致推力器老化，降低卫星使用寿命。在这一背景下，事件驱动控制为有限资源下通信卫星姿态和轨道控制提供新的可行思路。事件驱动控制通过设置必要的事件驱动条件，仅在需要的时刻传输采样信号、求解计算或进行控制操作，可以有效地解决卫星控制中的通信与计算负荷大以及控制过于频繁的问题。

基于以上讨论，本书从通信卫星系统实际及潜在应用需求出发，探讨事件驱动的通信卫星姿态与轨道控制问题。具体而言，综合考虑通信卫星系统中存在的内部及外界扰动和系统自主安全运行需满足的约束，本书将以自抗扰控制和模型预测控制为基本研究工具，分别介绍事件驱动的通信卫星姿态控制、卫星定轨、轨道保持控制、卫星编队控制和姿轨耦合控制方法。

参考文献

［1］陈大庆. 国外军用通信卫星发展概况［J］. 国外导弹与宇航，1984（6）：13－18.

［2］陈杰. 国外主要通信卫星技术计划及其进展［J］. 中国航天，2007（2）：38－43.

[3] 张明. 低轨道卫星系统的发展及面临的挑战 [J]. 中国无线电, 2019 (3): 56 - 57.

[4] 刘进军. 全球卫星通信——低轨道通信卫星 [J]. 卫星电视与宽带多媒体, 2013 (14): 25 - 31.

[5] 汪海燕, 叶飞, 杨龙祥. 低轨卫星移动通信的关键技术和应用 [J]. 电力系统通信, 2001 (12): 8 - 11.

[6] 林来兴. 中轨道地带移动通信卫星星座应用研究 [J]. 航天器工程, 2015, 24 (4): 1 - 6.

[7] 李斗, 项海格. LEO/MEO 卫星通信系统发展展望 [J]. 电信科学, 2003 (2): 48 - 51.

[8] 秦勇. 一种低成本中轨道全球实时通信卫星系统 [J]. 空间电子技术, 2013, 10 (2): 36 - 41.

[9] 蒙波, 徐盛, 黄剑斌, 等. 对 GEO 卫星在轨加注的服务航天器组网方案优化 [J]. 中国空间科学技术, 2016, 36 (6): 14 - 21.

[10] 梁斌, 徐文福, 李成, 等. 地球静止轨道在轨服务技术研究现状与发展趋势 [J]. 宇航学报, 2010, 31 (1): 1 - 13.

[11] 李恒年, 高益军, 余培军, 等. 地球静止轨道共位控制策略研究 [J]. 宇航学报, 2009, 30 (3): 967 - 973.

[12] 肖乐杰, 孙付平, 李亚萍, 等. IGSO/GEO 卫星对北斗系统导航性能的贡献分析 [J]. 全球定位系统, 2016, 41 (3): 16 - 20.

[13] 董召勇, 尤超蓝, 李文峰. 应用星载 GNSS 接收机的 Molniya 轨道卫星测定轨方法 [J]. 航天器工程, 2017, 26 (3): 23 - 30.

[14] 韩波, 陈琦, 崔晓婷, 等. 卫星系统与地球轨道概述 [J]. 科技创新导报, 2014, 11 (28): 18 - 19.

[15] 徐国强, 蔡明辉, 张明. 静止轨道多星共轨位卫星信号区分 [J]. 中国无线电, 2019 (4): 52 - 55.

[16] 王立民, 孔繁青, 陈晖. 通信卫星有效载荷的现状与发展趋势 [J]. 无线电通信技术, 2006 (5): 4 - 6.

[17] 陈辛, 魏炳翌, 闻新. 卫星姿态控制系统执行器的故障诊断方法研究 [J]. 航空兵器, 2018 (2): 69 - 76.

[18] 王飞. 基于滑模控制的卫星姿态控制算法研究 [J]. 计算机测量与控制, 2018, 26 (5): 69 - 72.

[19] 王晓凤. 卫星通信的未来发展前景展望 [J]. 冶金管理, 2020

（13）：105 −106.

［20］ 魏才盛，罗建军，殷泽阳. 航天器姿态预设性能控制方法综述［J］. 宇航学报，2019，40（10）：1167 −1176.

［21］ 李昭，蒯政中，沈红新，等. 地球静止卫星小推力位置保持策略计算方法［C］//2019 中国自动化大会（CAC2019），中国自动化学会，杭州，2019：6.

［22］ MA K M. Comments on "Quasi − continuous higher order sliding − mode controllers for spacecraft − attitude − tracking maneuvers"［J］. IEEE Transactions on Industrial Electronics，2013，60（7）：2771 −2773.

［23］ QIAO J，LI Z，XU J，et al. Composite nonsingular terminal sliding mode attitude controller for spacecraft with actuator dynamics under matched and mismatched disturbances［J］. IEEE Transactions on Industrial Informatics，2020，16（2）：1153 −1162.

［24］ SHEN Q，WANG D，ZHU S，et al. Integral − type sliding mode fault − tolerant control for attitude stabilization of spacecraft［J］. IEEE Transactions on Control Systems Technology，2015，23（3）：1131 −1138.

［25］ WANG Z，LI Q，LI S. Adaptive integral − type terminal sliding mode fault tolerant control for spacecraft attitude tracking［J］. IEEE Access，2019，7：35195 −35207.

［26］ PUKDEBOON C，ZINOBER A S I，THEIN M W L. Quasi − continuous higher order sliding − mode controllers for spacecraft − attitude − tracking maneuvers［J］. IEEE Transactions on Industrial Electronics，2010，57（4）：1436 −1444.

［27］ ZOU A M，DEV KUMAR K，HOU Z G. Quaternion − based adaptive output feedback attitude control of spacecraft using Chebyshev neural networks［J］. IEEE Transactions on Neural Networks，2010，21（9）：1457 −1471.

［28］ WU B，CAO X. Robust attitude tracking control for spacecraft with quantized torques［J］. IEEE Transactions on Aerospace and Electronic Systems，2018，54（2）：1020 −1028.

［29］ QIU Z，HUANG Y，QIAN H. Adaptive robust nonlinear filtering for spacecraft attitude estimation based on additive quaternion［J］. IEEE Transactions on Instrumentation and Measurement，2020，69（1）：100 −108.

［30］ LI Y, YANG F. Robust adaptive attitude control for non – rigid spacecraft with quantized control input ［J］. IEEE/CAA Journal of Automatica Sinica, 2020, 7 (2): 472 – 481.

［31］ YOON H, AGRAWAL B N. Adaptive control of uncertain Hamiltonian multi – input multi – output systems: with application to spacecraft control ［J］. IEEE Transactions on Control Systems Technology, 2009, 17 (4): 900 – 906.

［32］ SHARMA R, TEWARI A. Optimal nonlinear tracking of spacecraft attitude maneuvers ［J］. IEEE Transactions on Control Systems Technology, 2013, 12 (5): 677 – 682.

［33］ HU Q, TAN X. Dynamic near – optimal control allocation for spacecraft attitude control using a hybrid configuration of actuators ［J］. IEEE Transactions on Aerospace and Electronic Systems, 2020, 56 (2): 1430 – 1443.

［34］ KHAMIS A, ZYDEK D. Finite horizon optimal nonlinear spacecraft attitude control ［J］. The Journal of the Astronautical Sciences, 2020, 67 (3): 1002 – 1020.

［35］ PULECCHI T, LOVERA M, VARGA A. Optimal discrete – time design of three – axis magnetic attitude control laws ［J］. IEEE Transactions on Control Systems Technology, 2010, 18 (3): 714 – 722.

［36］ WU C J, YANG C C. Optimal large – angle attitude control of rigid spacecraft by momentum transfer ［J］. IET Control Theory & Applications, 2007, 1 (3): 657 – 664.

［37］ SPINDLER K. Attitude control of underactuated spacecraft ［J］. European Journal of Control, 2000, 6 (3): 229 – 242.

［38］ XIA Y, ZHU Z, FU M, et al. Attitude tracking of rigid spacecraft with bounded disturbances ［J］. IEEE Transactions on Industrial Electronics, 2011, 58 (2): 647 – 659.

［39］ CHEN Z, HUANG J. Attitude tracking and disturbance rejection of rigid spacecraft by adaptive control ［J］. IEEE Transactions on Automatic Control, 2009, 54 (3): 600 – 605.

［40］ LUO W, CHU Y C, LING K V. Inverse optimal adaptive control for attitude tracking of spacecraft ［J］. IEEE Transactions on Automatic Control, 2005, 50 (11): 1639 – 1654.

[41] SHEN Q, WANG D, ZHU S, et al. Inertia – free fault – tolerant spacecraft attitude tracking using control allocation [J]. Automatica, 2015, 62 (C): 114 – 121.

[42] BAI Y, BIGGS J D, WANG X, et al. Attitude tracking with an adaptive sliding mode response to reaction wheel failure [J]. European Journal of Control, 2018, 42 (7): 67 – 76.

[43] ÅSTRÖM K J, BERNHARDSSON B. Comparison of periodic and event based sampling for first – order stochastic systems [J]. IFAC Proceedings Volumes, 1999, 32 (2): 5006 – 5011.

[44] POSTOYAN R, BRAGAGNOLO M C, GALBRUN E, et al. Event – triggered tracking control of unicycle mobile robots [J]. Automatica, 2015, 52 (2): 302 – 308.

[45] HE N, SHI D. Event – based robust sampled – data model predictive control: a non – monotonic Lyapunov function approach [J]. IEEE Transactions on Circuits and Systems I: Regular Papers, 2015, 62 (10): 2555 – 2564.

[46] HUANG N, DUAN Z S, ZHAO Y. Distributed consensus for multiple Euler – Lagrange systems: an event – triggered approach [J]. Science China Technological Sciences, 2016, 59 (1): 33 – 44.

[47] YU Y G, ZENG Z W, LI Z K, et al. Event – triggered encirclement control of multi – agent systems with bearing rigidity [J]. Science China Information Sciences, 2017, 60 (11): 91 – 108.

[48] SUN S, YANG M F, WANG L. Event – triggered nonlinear attitude control for a rigid spacecraft [C]//The 36th Chinese Control Conference (CCC), Dalian, 2017: 7582 – 7586.

[49] XING L, WEN C, LIU Z, et al. An event – triggered design scheme for spacecraft attitude control [C]//The 12th IEEE Conference on Industrial Electronics and Applications (ICIEA), Siem Reap, 2017: 1552 – 1557.

[50] WU B, SHEN Q, CAO X. Event – triggered attitude control of spacecraft [J]. Advances in Space Research, 2017, 61 (3): 927 – 934.

[51] ZHANG C, WANG J, ZHANG D, et al. Learning observer based and event – triggered control to spacecraft against actuator faults [J]. Aerospace Science and Technology, 2018, 78 (7): 522 – 530.

[52] LI S, YANG X, YANG D. Active disturbance rejection control for high

pointing accuracy and rotation speed [J]. Automatica, 2009, 45 (8): 1854 – 1860.

[53] SIRA – RAMÍREZ H, LINARES – FLORES J, GARCIA – RODRIGUEZ C, et al. On the control of the permanent magnet synchronous motor: an active disturbance rejection control approach [J]. IEEE Transactions on Control Systems Technology, 2014, 22 (5): 2056 – 2063.

[54] RAMÍREZ – NERIA M, SIRA – RAMÍREZ H, GARRIDO – MOCTEZUMA R, et al. Linear active disturbance rejection control of underactuated systems: The case of the Furuta pendulum [J]. ISA Transactions, 2014, 53 (4): 920 – 928.

[55] BAI Y, BIGGS J D, WANG X, et al. A singular adaptive attitude control with active disturbance rejection [J]. European Journal of Control, 2017, 35 (3): 50 – 56.

[56] KELLY T J, WHITE L K, GAMBLE D W. Station keeping of geostationary satellites with simultaneous eccentricity and longitude control [J]. Journal of Guidance, Control, and Dynamics, 1994, 17 (4): 769 – 777.

[57] BORISSOV S, WU Y, MORTARI D. East – west GEO satellite station – keeping with degraded thruster response [J]. Aerospace, 2015, 2 (4): 581 – 601.

[58] GUELMAN M M. Geostationary satellites autonomous closed loop station keeping [J]. Acta Astronautica, 2014, 97: 9 – 15.

[59] YANG W B, LI S Y, LI N. Station – keeping control method for GEO satellite based on relative orbit dynamics [C]//The 11th World Congress on Intelligent Control and Automation, Shenyang, 2015: 1682 – 1687.

[60] YANG W B, LI S Y. A station – keeping control method for GEO spacecraft based on autonomous control architecture [J]. Aerospace Science and Technology, 2015, 45 (9): 462 – 475.

[61] AORPIMAI M, NAVAKITKANOK P. Optimal online station – keeping strategy for communication satellites in geosynchronous orbit [C]//The 20th Asia – Pacific Conference on Communication (APCC2014), Pattaya, 2014: 219 – 222.

[62] GAZZINO C, LOUEMBET C, ARZELIER D, et al. Integer programming for optimal control of geostationary station keeping of low – thrust satellites

[J]. IFAC – PapersOnLine, 2017, 50 (1): 8169 – 8174.

[63] GAZZINO C, ARZELIER D, LOUEMBET C, et al. Long – term electric – propulsion geostationary station – keeping via integer programming [J]. Journal of Guidance, Control, and Dynamics, 2019, 42 (5): 1 – 16.

[64] DE BRUIJN F J, THEIL S, CHOUKROUN D, et al. Geostationary satellite station – keeping using convex optimization [J]. Journal of Guidance, Control, and Dynamics, 2016, 39 (3): 605 – 616.

[65] DE BRUIJN F J, CHOUKROUN D, GILL E, et al. Collocation of geostationary satellites using convex optimization [J]. Journal of Guidance, Control, and Dynamics, 2016, 39 (6): 1303 – 1313.

[66] WEISS A, KALABI U, DI CAIRANO S, et al. Model predictive control for simultaneous station keeping and momentum management of low – thrust satellites [C]//2015 American Control Conference, Chicago, 2015: 2305 – 2310.

[67] WALSH A, DI CAIRANO S, WEISS A. MPC for coupled station keeping, attitude control, and momentum management of low – thrust geostationary satellites [C]//2016 American Control Conference, Boston, 2016: 7408 – 7413.

[68] ZLOTNIK D, DI CAIRANO S, WEISS A. MPC for coupled station keeping, attitude control, and momentum management of GEO satellites using on – off electric propulsion [C]//2017 IEEE Conference on Control Technology and Applications (CCTA), Mauna Lani, 2017: 1835 – 1840.

[69] WEISS A, KALABI U V, DI CAIRANO S. Station keeping and momentum management of low – thrust satellites using MPC [J]. Aerospace Science and Technology, 2018, 76 (3): 229 – 241.

[70] MALLADI B P, DI CAIRANO S, WEISS A. Nonlinear model predictive control of coupled rotational – translational spacecraft relative motion [C]//2019 American Control Conference (ACC), Philadelphia, 2019: 3581 – 3586.

第 2 章

通信卫星姿轨控制系统设计概述

|2.1 引　言|

1958 年，美国发射了第一颗卫星"斯科尔"（SCORE），首次通过卫星实现了话音通信。在此后的半个多世纪里，通信卫星取得飞速发展，从技术试验到商业应用，从自旋稳定到三轴稳定，从透明转发到星上处理，通信卫星技术不断向前发展[1]。在通信卫星 60 多年的发展过程中，通信卫星姿轨控制系统设计技术也在不断变化和更新。本章针对通信卫星姿轨控制系统设计技术进行研究，主要包括通信卫星任务分析与总体参数分配、轨道设计技术、姿态控制系统设计技术等[2]。

姿态和轨道控制分系统的作用是在卫星入轨后，控制卫星按照一定的轨道和姿态到达并定点于目标轨道和位置，以确保有效载荷能够正常工作，通常包括姿态控制和轨道控制两部分内容[3]。轨道运动是卫星作为一个质点在空间的运动，姿态运动是卫星本体绕其质心的转动运动。作为姿轨控制系统的控制对象，通信卫星一般具有以下特点：工作寿命长；姿态控制精度、稳定度要求不高，一般属于中等精度要求（激光通信卫星等除外）；连续工作时间长，要求在轨全寿命周期不间断工作；具备同步转移轨道多次变轨能力。根据这些特点，通信卫星控制系统以往一般采用地球敏感器作为卫星正常工作期间的主要姿态敏感器，采用数字太阳敏感器作为偏航基准和捕获太阳保证能源的主要姿态敏感器；目前更多采用星敏感器作为卫星全寿命期间的主要姿态敏感器，将地球敏感器和太阳敏感器作为备份[4-5]。由于通信卫星工作轨道一般不需要进行姿态快速机动，因此通常采用偏置动量控制，由动量轮（组）作为卫星长期工作的主要姿态执行机构。星载推力器可以同时用于对姿态控制和轨道控制，故本章以姿态控制系统为主，介绍通信卫星姿轨控制系统的主要任务与设计选型方法。

2.2　通信卫星任务分析与参数分配

2.2.1　通信卫星总体任务分析

卫星任务分析是协同用户确定工程任务需求和目标[6]，并基于对用户要求的分析来确定卫星轨道参数、形成卫星系统的功能组成和总体性能指标要求，进而分解形成对卫星有效载荷和平台的设计要求和约束的过程。在此，仅把任务分析定义为通过用户任务分析形成卫星功能和性能要求的过程。实际上，任务分析与总体方案论证结合并展，密不可分。

卫星任务分析包含两个阶段的工作：其一，协同用户开展用户需求分析，确定卫星工程系统的任务功能和技术指标要求，形成任务要求文件；其二，在用户要求明确的基础上，开展卫星任务分析，以确定卫星的具体功能和性能指标要求，并形成卫星载荷及平台的初步方案。

1. 用户需求分析

需求分析是指根据用户需求和约束条件，在工程大系统层面上进行分析，提出满足工程目标和约束条件的卫星初步方案设想、使用要求及功能性能指标，作为卫星最高层的系统要求。用户需求分析的主要内容包括：配合用户调研和分析，确定卫星工程系统的任务及其顶层指标体系和初步指标，若有多项任务，则需要明确基本任务和扩展任务；配合用户论证，形成各项任务的具体功能要求和性能指标要求；配合用户将顶层任务要求初步分解到卫星、地面应用等相关系统；基于任务总体要求和各大系统的相关约束，开展卫星系统的概念性设计，进行轨道初步选择和卫星任务剖面初步规划，初步论证有效载荷功能组成和基本参数，初步明确对卫星平台的基本要求并开展平台选型研究，初步梳理对运载等其他系统的接口要求，形成卫星系统的多个概念性方案；开展研制经费和研制周期的初步估算。

2. 卫星任务分析

卫星任务分析的主要内容包括：开展轨道相关论证工作，确定卫星运行轨道，开展发射窗口、变轨策略、姿态控制及轨道维持、飞行程序等分析工作；基于用户需求，分配确定载荷指标要求，开展有效载荷多方案论证，确定有效载荷组成，初步确定关键设备及部件的方案；根据卫星在轨任务要求及载荷支持服务要求，提出对卫星平台各分系统的基本要求，开展公用平台的改进设计，或开展各分系统的多方案论证设计；开展对运载、测控、发射场等大系统的接口要求分析，完成运载选型和发射场选择等工作。

2.2.2　姿轨控制系统任务分析

卫星姿轨控制系统包括姿态控制系统与轨道控制系统，这是卫星上最重要也是最复杂的一个分系统。姿轨控制系统的主要任务是：完成卫星从星箭分离开始到在轨运行直至寿命末期各任务阶段的轨道控制和姿态控制。其中，姿态控制尤为重要。

1. 转移轨道任务

卫星在转移轨道上通常以巡航或地球指向姿态运行。在既定的变轨发动机点火前，姿轨控制系统完成建立变轨发动机点火姿态的任务，并在变轨发动机点火期间保证变轨姿态精度。

（1）卫星与运载分离后，姿轨控制系统应自主进行速率阻尼，消除由运载产生的分离干扰角速度。

（2）自主完成太阳捕获，保证太阳翼法向对日定向，适应太阳翼展开的冲击，完成对太阳帆板机构的控制，保证太阳翼跟踪精度，并能将太阳翼获得的能源和电信号传输到星体内。

（3）卫星在转移轨道时会经历地影期，即太阳被地球遮挡。进入地影后，姿轨控制系统应能实现保持星体原姿态；出影后，姿轨控制系统应能自动完成太阳捕获或地球指向，维持卫星的原姿态。

（4）在建立变轨发动机点火姿态前，维持三轴稳定的工作姿态。

（5）在变轨发动机变轨点火前，进行姿态机动，建立点火姿态，并且在建立点火姿态和变轨发动机点火期间，保证卫星测控天线覆盖地面站，克服液体晃动和其他干扰力矩的影响，保证卫星的姿态指向精度，使变轨精度满足要求。

2. 同步轨道任务

（1）卫星进入准同步轨道后，姿轨控制系统应能完成定点位置捕获，并满足定点位置保持精度要求。

（2）姿轨控制系统需完成初始姿态捕获，建立正常运行姿态，满足控制精度要求。

（3）在正常运行状态下，姿轨控制系统应能实现星上自主闭环姿态控制和动量轮卸载，并满足控制精度要求。

（4）为了能仅用一个地面站测量星上天线的方向图，要求姿轨控制系统应具有短期姿态偏置能力。

（5）姿轨控制系统应具有长期姿态偏置能力。

（6）卫星处于在轨运行期间，应定期对卫星的定点位置进行修正控制，并满足总体的技术指标。

（7）在卫星寿命末期，可根据用户要求进行卫星离轨操作。

随着通信载荷需求的持续增加，通信卫星面临着提升载荷承载效率、提高自主工作能力的需求。姿态和轨道控制分系统由最初的任务驱动型，向提供功能更强大、精度更高系统的趋势发展。

1）控制部件小型化、轻量化、集成化

随着技术的发展，元器件的可靠性越来越高，ASIC 技术、SoC 技术、无缆化机箱等技术发展迅猛，为减轻质量、降低功耗提供了技术支持。目前我国控制系统在减重方面已取得一定成果，逐渐追赶上国际水平。例如，动量轮驱动线路的质量由原来的 2.6 kg 以上减重到目前的 1.5 kg 以下；控制计算机大量采用 ASIC 技术、SoC 技术，可以减重 1/3 以上；数字太阳敏感器线路和头部一体小型化、星敏感器线路和头部一体小型化减少了整星电缆，自身质量也大幅下降；控制系统大量部件采用了无缆化机箱，减轻了质量。后续控制系统综合电子研制还将进一步实现集成化减重。

2）控制系统在轨自主功能越来越强

通信卫星在轨服务对象广、服务区域大、服务强度高、服务时间长，因此增强卫星自主性、减少地面支持、保证卫星提供连续不间断的在轨服务是通信卫星的特点之一。未来通信星座的建立和发展，还要求卫星控制系统具有星座相对导航与维持等能力。因此，不断增强的自主导航控制技术、自主健康管理技术是通信卫星控制系统研制的一个发展趋势。

3）姿态控制精度和稳定度越来越高

高精度、甚高精度星敏逐渐成为姿轨控制系统姿态确定部件的主流应用产品，定姿精度达到角秒量级水平且全天候可以进行姿态测量；三轴全轮控制技术使得卫星控制精度大为提高；高刚高稳定度帆板驱动机构产品应用、高精度陀螺产品应用都将极大提高系统控制精度。

2.2.3 通信卫星总体性能指标分析

卫星总体性能指标分析与分配是顶层总体设计工作，总体性能指标分析是指在用户任务要求分析和卫星系统方案初步论证的基础上确定卫星系统层面的性能指标，将此作为卫星总体设计的依据。通信卫星总体性能指标包括卫星通信服务性能指标和卫星平台能力指标，通信服务指标包括轨道指标和有效载荷指标，卫星平台能力指标包括姿态轨道控制指标、测控指标、供电指标、数据处理及存储指标等。卫星通信服务性能指标和卫星平台指标是基于用户任务分析和其他大系统约束分析确定，卫星平台能力指标通过有效载荷需求分析和其他大系统约束分析确定。GEO 通信卫星的主要性能参数如表 2.1 和表 2.2 所示。

表 2.1　通信卫星通信服务性能参数

性能参数项目	性能参数主要内容
轨道指标	定点位置；南北位置保持精度；东西位置保持精度
覆盖特性	波束类型及数量
通信容量	通信频段及带宽；频率再用特性；等效全向辐射功率（EIRP）；接收系统 G/T（增益噪声温度比）；饱和功率通量密度
通信质量	频幅特性；相频特性；幅度非线性；相位非线性；变换频率及其准确度；杂波输出和相位噪声；稳定性
通信安全与防护能力	上下行链路抗干扰能力；加固防护能力；数据保密能力
寿命	设计寿命；工作寿命
可靠度	转移轨道可靠性；寿命末期可靠性

表2.2 通信卫星平台能力参数

性能参数项目	性能参数主要内容
姿态轨道控制能力	姿态控制精度；长期姿态偏置能力；短期姿态偏置能力；轨道控制精度
供电能力	输出功率；母线电压；母线电压调节体制及配电体制
测控指标	测控频段及带宽；天线覆盖；发射 EIRP；接收系统 G/T；上行捕获门限值；上下行调制方式；遥控遥测码速率（遥测参数容量、遥控指令容量）；抗干扰能力
数据处理及存储能力	数据计算处理能力（MIPS/MFLOPS）；数据存储能力（SRAM、PROM、EEPROM 容量）
结构承载及散热能力	有效载荷承载质量；星内外设备布局能力；散热能力
卫星质量	—
卫星尺寸	卫星本体尺寸；收拢状态尺寸；展开状态尺寸

2.2.4 通信卫星总体参数分配

卫星总体参数主要是指卫星的质量、功率、外形尺寸、推进剂等。卫星总体参数预算是指在卫星总体性能指标分析和初步方案确定基础上，完成上述参数向各分系统及部件的预算或分配，形成对各分系统或部件设计的重要要求。本节主要对卫星质量、功率、推进剂的预算或分配方法进行介绍。

1. 卫星质量预算及分配

1）卫星质量预算及分配要求

卫星质量是重要的总体参数，控制卫星质量是整个研制阶段的重要工作内容。卫星发射质量一般根据运载火箭能力和轨道设计确定。

从可行性论证阶段到正样研制阶段，都需要进行卫星质量预算或分配。在可行性论证阶段，需根据总体及各分系统的初步方案进行卫星质量预算分析，作为卫星方案可行性分析的重要依据；在方案设计阶段，需要根据总体方案和各分系统方案进行卫星质量预算，分析质量余量，形成初步的质量分配结果，作为分系统方案设计的依据；在初样研制阶段，根据详细设计结果和原理样机研制情况，进行卫星质量预算修正，作为分系统初样研制的依据；在正样研制阶段，需根据初样星研制情况和正样设计更改情况，对卫星质量进一步进行分配，并做好各分系统/部件的质量控制。从方案阶段开始，就需要根据各分系统单机配套情况建立质量预算和分配的控制文件，对分系统及单机质量变化进行严格控制。

2）卫星质量组成

卫星质量由以下几项组成：①有效载荷和平台各分系统的质量，包括仪器设备和相应高低频电缆、总线电缆的质量，在轨展开的仪器设备还应包括压紧、释放机构的质量；②总装直属件，包括设备安装支架、高低频电缆支架和卡子、接地柱及接地线、紧固件、配重块等的质量；③卫星推进剂（含推进剂、高压气体）质量，由推进剂预算得到。

卫星质量 M 可分解为干质量 M_g 和推进剂质量 M_t 两部分，即 $M = M_g + M_t$，根据推进剂消耗计算公式，卫星质量可写为

$$M = M_g + M_g\left[\exp\left(\frac{\Delta V}{Ig}\right) - 1\right] = M_g\exp\left(\frac{\Delta V}{Ig}\right), \qquad (2.1)$$

式中，ΔV ——卫星变轨、位置保持、离轨、姿态控制所需的总速度增量，km/s；

$\quad I$ ——比冲，s；

$\quad g$ ——地球海平面加速度，m/s²。

3）卫星质量预算方法

卫星质量由所有仪器设备质量和整星质量余量组成。仪器设备质量预算方法有：在单机/部件论证阶段，可根据具有相似功能性能的设备/部件的质量进行类比估算；在单机设计阶段，可根据模块和元器件组成进行整机质量计算；在正样研制阶段，根据初样单机/部件的研制情况进行最终确定。单机/部件的质量预算和分配需考虑一定的偏差，以作为单机质量控制和交付验收检查的依据。

对卫星质量的预算及分配要留有一定余量，以应对单机/部件质量估算不准带来的整星质量增加风险，避免因设备性能、力学条件达不到要求或功能性能要求更改带来的增重风险，避免因总体要求变化导致设备配置增加带来的整星质量增加风险。卫星质量余量的取值要根据卫星型号的继承性和火箭的运载能力约束进行确定，我国航天标准规定在方案设计阶段的卫星质量余量应控制在 4% ~ 8% 范围内。

2. 卫星功率预算及分配

1）卫星功率预算及分配要求

卫星功率是重要的总体参数，由有效载荷及平台设备的功率需求确定，是卫星电源系统设计的重要依据之一。卫星功率预算及分配是总体设计工作的重要内容。

从可行性论证阶段到正样研制阶段，都需进行卫星功率预算或分配。在可行性论证阶段和方案设计阶段，需根据各分系统的初步方案进行卫星功率需求分析和预算，作为卫星电源系统方案和卫星总体方案设计的重要依据，并进一步形成初步的功率分配结果，作为分系统方案设计的依据；在初样阶段，根据单机详细设计结果和原理样机研制情况，进行卫星功率预算修正，形成功率分配结果，作为分系统初样研制的依据；在正样研制阶段，需根据初样星研制情况和正样设计更改情况，对卫星功率进一步进行分配，并做好各分系统/部件的功率控制。从方案阶段开始，就需要根据各分系统的单机配套情况建立功率预算和分配的控制文件，对分系统及单机的功率变化进行严格控制。

卫星在转移轨道的不同阶段，工作轨道光照期和地影期的功率需求是不同的，因此在进行功率预算和分配时，需对卫星运行的不同阶段分别进行分析。

2）卫星功率组成及功率预算方法

卫星供电功率需求可表示为

$$P = P_1 + P_c + P_w + \Delta P, \tag{2.2}$$

式中，P_1——整星负载（包括所有仪器设备、加热器等）的功率需求，W；

P_c——蓄电池充电功率，W；

P_w——线路供电损耗，W；

ΔP——功率余量，W。

星上用电负载包括长期工作负载、短期工作负载和脉冲工作负载。长期工作负载是指长期开机工作的负载；短期工作负载是指短期内工作的负载，如转移轨道用陀螺、火工品管理器、加热器、推力器电磁阀等；脉冲工作负载是指工作时间在几毫秒到几百毫秒的负载，如推进系统电爆阀、太阳阵和天线等的压紧火工切割器等，一般为大电流脉冲负载，通常由蓄电池通过火工品管理器或模块供电。在功率预算和分配时，一般不考虑脉冲用电负载。在进行功率需求分析时，还要注意部分设备存在短期功率变化。

蓄电池充电功率 P_c = 蓄电池充电电流 × 充电电压/充电效率。对于通信卫星，为充分利用轨道周期资源，充电电流一般取为蓄电池组的 $C/20 \sim C/10$（C 为蓄电池组的容量）。对于锂离子蓄电池，充电电压 = 锂电池单体截止电压 × 电池节数。

线路供电损耗包括电缆网、电连接器触点、继电器触点产生的功率损耗，所有损耗统一进行考虑。

功率余量一般包含以下两方面内容：负载功率要求不确定裕度；寿命末期电源功率设计裕度。前者是指，由于条件不具备或其他原因，各仪器设备功耗存在不确定因素而造成航天器功率要求不确定，为此预留的设计裕度；后者是指，对发电装置提出的在航天器寿命期间所需具备的功率裕度。我国航天标准规定，新型号航天器的负载功率要求不确定裕度占航天器负载功率要求的比例应不大于 3%，寿命末期电源功率设计裕度一般不低于航天器负载功率和充电功率之和的 5%。

功率需求统计方法和要求：长期负载常值功率直接叠加；将短期负载在轨道的工作时段尽量错开，对短期负载功率应将其加到长期功率上形成峰值功率，还应视情况按工作时间折算到长期功率上形成平均功率，分别进行考虑；脉冲负载功率一般不计入整星功率需求；只统计一次母线供电设备的功率需求，不包含二次供电设备（如反作用轮、天线转动机构等）的功率需求，避免重复统计；冷备份工作的单机按一台统计。

为提高航天器电源功率利用率，一般进行如下规定：除新研制的航天器外，一般不留负载不确定裕度；限制寿命末期航天器功率设计裕度；降低航天器加热器的功率要求，提高自动控温加热器的占空比；优化总体设计，合理安排短期功耗的工作时段、工作时间和功率要求幅度，降低航天器的峰值功耗。

3. 卫星推进剂预算

推进剂预算是指针对卫星在各个飞行任务阶段的推进剂消耗情况所开展的推进剂消耗计算，目的是确定可满足卫星整个寿命期间轨道和姿态控制所需的推进剂装填量。

推进剂预算以速度增量预算为基础（速度增量主要指用于轨道和姿态控制的速度增量），根据卫星自身的推进系统性能参数，将速度增量换算成推进剂消耗量，同时考虑合理的误差修正、残留量以及余量等因素，得出最终的推进剂预算结果。在总体方案设计、初样设计、正样设计阶段及出厂前，均需根据当前阶段的状态进行推进剂预算分析。

1）卫星推进剂消耗事件及一般推进剂预算方法

进行推进剂预算分析时，需要首先按照卫星飞行时间顺序列出从星箭分离到卫星寿命终止期间的所有推进剂消耗事件。对于高轨通信卫星，其推进剂消耗事件应至少包含以下 6 项：①转移轨道姿态控制；②转移轨道液体发动机变轨；③定点捕获；④东西/南北位置保持；⑤运行轨道姿态控制（包括在轨测试期间的姿控）；⑥寿命末期离轨机动。

在已知发动机推力、比冲和效率的情况下，可有三种方法进行推进剂消耗量计算，即数值积分的方法、已知 Δt 的公式计算方法和已知 ΔV 的公式计算方法。

（1）变轨过程中 490 N 发动机工作的推进剂消耗量可用数值积分法进行求解。

（2）已知点火时间长度 Δt，则可用如下公式计算所需的推进剂：

$$\Delta m = \dot{m}\Delta t = F\Delta t / (I_{sp}g). \tag{2.3}$$

（3）已知速度增量 ΔV，则可用如下公式计算所需的推进剂：

$$\Delta m = m_0\left[1 - \exp\left(-\frac{\Delta V}{I_{sp}\eta g}\right)\right], \tag{2.4}$$

式中，F ——发动机推力，N；

　　　ΔV ——速度增量，m/s；

　　　Δm ——推进剂消耗量，kg；

　　　$\dot{m}$ ——推进剂质量流，kg/s；

　　　m_0 ——卫星初始质量，kg；

　　　I_{sp} ——发动机（推力器）比冲，s；

　　　η ——发动机（推力器）工作效率；

　　　g ——重力加速度，m/s²。

在进行推进剂预算中，还应该对各种误差因素进行分析，并对误差引起的推进剂消耗量进行预算。需要考虑的误差项包括：转移轨道入轨误差、推进剂混合比偏差、发动机比冲误差、推力器比冲误差、发动机变轨指向误差、位置保持指向误差、南北位保耦合效应、姿态控制误差等。实际工作中，可建立误差修正表对其进行预算。误差预算中的少量项（如姿态控制误差、混合比偏差等）不涉及速度增量，其预算值一般为经验值。

2）转移轨道段推进剂预算

转移轨道段推进剂消耗主要用于发动机变轨，该部分的推进剂消耗量包括点火前的 10 N 推力器沉底推进剂消耗量，一般采取数值积分方法求出，可由变轨策略提供。

对于卫星转移轨道期间的姿态控制（非点火期间）消耗推进剂量，一般预留 4~6 kg。

3）定点捕获推进剂预算

发动机变轨结束后，卫星进入准静止轨道（或称为漂移轨道），其间卫星需要完成定点捕获。定点捕获的主要任务是消除发动机变轨误差，主要指消除卫星星下点的经度偏差。

在进行推进剂预算中，对于为定点捕获所预留的速度增量，一般按下式进行估算：

$$\Delta V = 5.692 \dot{\lambda}, \tag{2.5}$$

式中，$\dot{\lambda}$——发动机变轨结束后所留下的经度漂移率，一般为 1°/天。

4）在轨期间姿态控制推进剂预算

根据卫星控制分系统设计特点，卫星在轨期间姿态控制所消耗推进剂量与卫星质量、控制策略、推力器效率等相关；有效载荷在轨测试一般需要对卫星进行姿态偏置，也需要考虑推进剂消耗。

5）东西位置保持推进剂预算

地球同步轨道卫星轨道主要受地球引力场田谐项摄动、日月引力摄动以及太阳辐射压摄动影响，其中太阳辐射压会引起较大的轨道偏心率摄动。轨道偏心率误差会使卫星星下点经度发生相应幅度的日振荡，考虑到卫星东西位置保持精度较高，在东西位保时需要同时进行轨道偏心率调整，这将增加东西位保的推进剂消耗。东西位保控制所需速度增量 ΔV 的计算方法如下：

$$\begin{cases} \dfrac{\sin(0.5\omega_s T + \delta)}{\sin(0.5\omega_s T)} = \dfrac{e_r}{e_k}, \\ \Delta V = V_s e_k \sin \delta, \end{cases} \tag{2.6}$$

式中，e_k——偏心率容许值，对典型 GEO 卫星可取 $e_k = 2 \times 10^{-4}$；

e_r——偏心率摄动圆半径，$e_r = 1.5 a_s/(\omega_z \omega_s a)$；其中，$\omega_z$ 为地球自转

角速度，rad/s；ω_s 为地球公转角速度，rad/s；a_s 为太阳辐射压加速度，一般取决于卫星的面质比、表面反射率等星体物理参数，m/s²；a 为静止轨道半长轴，m；

　　　　T——东西位置保持间隔；

　　　　V_s——静止轨道速度，$V_s = 3074.66$ m/s。

　　6）南北位置保持推进剂预算

　　卫星星下点的南北漂移主要是由日、月引力摄动引起的。每次控制所需的速度增量 ΔV 的计算过程如下：

$$\begin{cases} i_x = \sin i \cos \Omega, \\ i_y = \sin i \sin \Omega, \end{cases} \quad (2.7)$$

$$\begin{cases} \Delta i_x = \dfrac{3.596°}{\dot{\Omega}_m}(\cos \Omega_{mT} - \cos \Omega_{m0}) \times 10^{-4}, \\ \Delta i_y = 22.74°T + \dfrac{2.681°}{\dot{\Omega}_m}(\sin \Omega_{mT} - \sin \Omega_{m0}) \times 10^{-4}, \end{cases} \quad (2.8)$$

$$\begin{cases} \Delta i = (\Delta i_x^2 + \Delta i_y^2)^{\frac{1}{2}}, \\ \Delta V = \Delta i \pi V_s / 180, \end{cases} \quad (2.9)$$

式中，T——南北位保周期，天；

　　　　Ω_{mT}——终了月球升交点黄经；

　　　　Ω_{m0}——初始月球升交点黄经。

　　根据计算出的单次控制所需的速度增量，结合卫星寿命，先计算总的南北位置保持速度增量，再计算南北位置保持所需的推进剂消耗量。

　　7）寿命末期离轨推进剂预算

　　在卫星寿命末期，需对卫星进行轨道机动，使其离开轨道位置。按照国际空间碎片组织给出的碎片减缓指南要求，一般应将卫星轨道抬高 275 km 以上，则所需的速度增量约为 10 m/s。

|2.3　通信卫星轨道控制系统设计|

　　通信卫星多为 GEO 卫星，为进入 GEO 卫星轨道实现轨道捕获，比进入近地轨道所需的能量更多、变轨过程更复杂。对于自身入轨通信卫星，首先由运载火箭将卫星发射到椭圆停泊轨道，之后由卫星自身通过多次变轨和定点捕获进入工作轨道。卫星定点后，受地球非球形引力摄动和日月摄动的影响，卫星会发生东西和南北漂移，因此需要定时进行轨道机动，将卫星维持在定点位置附近。

通信卫星工作轨道参数设计内容主要包括：定点位置确定；相位维持精度分析。定点位置需要根据用户覆盖要求，并考虑 GEO 轨位和频率协调情况等进行确定。卫星的东西、南北相位维持精度由天线指向精度要求、覆盖要求、姿轨控制能力等因素确定。

通信卫星轨道设计分析内容包括入轨姿态设计、发射窗口设计、变轨策略设计、测控弧段设计、轨道保持设计和离轨方案设计等[4]。这是卫星研制任务顺利开展的重要保证，其设计过程要综合考虑卫星任务要求、轨道参数要求、地面测控条件、发射场条件、运载能力、姿轨控方式、测控及电源系统状态等因素。

2.3.1 卫星入轨姿态设计

卫星在星箭分离后，通常利用 $-z$ 面的太阳敏感器搜索并捕获太阳，之后保持 $-z$ 面对日的姿态飞行。卫星入轨姿态是指在星箭分离时刻，卫星 $-z$ 轴在惯性空间的指向。设计入轨姿态的目的是向卫星提供较好的初始姿态，在保证卫星可被地面测控的同时使太阳尽快出现在 $-z$ 轴太阳敏感器视场内。卫星的入轨姿态由运载火箭调姿实现，而火箭的调姿能力受火箭偏航角和火箭测控天线覆盖范围的限制，因此卫星入轨姿态设计工作是在火箭调姿能力范围内选择满足上述测控与阳光条件的 $-z$ 轴指向。

卫星入轨姿态设计主要考虑以下两方面因素：

（1）满足星箭分离期间的地面测控跟踪。定义天线覆盖角 θ_{st} 为卫星到测控站/船方向与卫星 $+z$ 轴指向的夹角，则卫星测控条件可表示为

$$\begin{cases} \theta_{st} \leqslant \vartheta, \\ E \geqslant 5°, \end{cases}$$

式中，ϑ——卫星测控天线的半锥角；

E——卫星对测控站/船的仰角。

（2）星箭分离后，尽快完成太阳捕获。定义太阳角 θ_s 为卫星至太阳方向与卫星 $-z$ 轴的夹角，为使卫星有较好的初始姿态进入对日巡航，需对星箭分离时的太阳角进行约束，以保证星箭分离后较短时间内太阳出现在 $-z$ 轴太阳敏感器视场内。

除上述主要因素外，选择入轨姿态时还要考虑一些其他因素：①太阳角不能过小，以免太阳搜索过程中火箭三级遮挡太阳；②星箭分离会给卫星带来一定的横向分离角速度，使卫星不断偏离入轨姿态，进而可能使天线角或太阳角超出限制范围，所以在设计入轨姿态时需要按最差的情况考虑分离角速度。

2.3.2　卫星发射窗口设计

卫星在同步转移轨道采用 $-z$ 轴对日的巡航姿态飞行，在某些时段（如远地点点火前一段时间内）要求巡航的同时还要满足其他要求，包括但不限于：$+z$ 面（对地面）测控天线覆盖地面站；太阳敏感器、星敏感器对太阳入射角的要求；卫星供电能力对地影长度的要求；等等。只有在特定时间段内发射卫星才能满足上述要求。卫星发射窗口就是指满足上述要求可以发射卫星的时间集合，通常以运载火箭起飞的北京时间来表示。卫星发射窗口的设计包括计算和调整两方面。首先，依据转移轨道飞行程序分析卫星各分系统需满足的约束条件，根据约束条件计算初步的发射窗口；其次，衡量该窗口是否满足其他方面要求。

发射窗口设计工作中，主要考虑控制、供配电、测控三个分系统在转移轨道阶段的需求和约束。供配电分系统对发射窗口的要求有两方面：其一，地影长度应不影响蓄电池为整星安全供电；其二，太阳阵展开后，太阳阵法向与太阳方向的夹角应小于某一数值，以保证太阳阵的功率输出能力。控制分系统在转移轨道期间对太阳方位的约束较多，约束产生的原因主要在于控制分系统自身的设计特点，如敏感器配置、工作模式设计等。

此外，转移轨道期间需要进行一系列姿轨控制，从而将卫星安全地送至目标轨道。因此，在地面测控系统仍为区域测控的前提下，需要选择合适的发射时间，以保证卫星在进行关键飞控事件期间能得到安全可靠的地面测控支持。

对发射窗口的确定，需要根据各个具体的约束逐步计算。首先，预先确定一个发射时间，根据该时间对应的格林尼治恒星时、地球固连坐标系下的测控站位置、地心第二赤道坐标系下的卫星轨道，计算 J2000 地心惯性坐标系下太阳、卫星、测控站的赤经、赤纬；然后，根据由卫星变轨策略决定的发射窗口计算条件，计算地影、仰角、天线覆盖角、日地对卫星的张角等，并判断是否满足限制条件，若满足，则将该发射时间记录在发射窗口时间集中，否则放弃。按一定步长在给定的时间区域内逐步判断，最终可求出在该时间段内的所有可行发射时间，其集合即发射窗口。

2.3.3 卫星变轨策略设计

对于静止轨道或者小倾角同步轨道通信卫星，通常先由运载火箭发射至标准同步转移轨道或者超同步转移轨道，再通过若干次液体发动机变轨进入准静止轨道，最后通过小推力器对轨道倾角、偏心率进行修正，将卫星定点于目标轨位。

卫星变轨策略设计的输入条件包括：与运载方协调后确定的转移轨道；地面测控网组成；卫星自身推进系统的特征参数，如变轨发动机与推力器标称推力、比冲，推力器的安装角度等参数。卫星变轨通常以推进剂消耗量最小作为主要指标，但还要考虑变轨时间和变轨次数的实际影响。变轨控制需要对卫星进行复杂的操作，变轨次数过多会增加卫星在转移轨道期间的风险；另一方面，考虑到卫星的发动机能力、变轨期间的弧段损失等因素，变轨次数不宜过少。因此，卫星变轨策略设计需要根据卫星定点位置，综合考虑卫星变轨发动机的工作特性、地面测控系统的支持范围、远地点变轨弧段损失、推进剂总消耗量等因素。变轨策略设计就是确定卫星从星箭分离到进入准目标轨道的变轨次数，以及各次变轨的控制量、圈次、发动机推力方向、点火时刻和时间长度等参数。

首先，变轨策略取决于转移轨道类型。对于准同步转移轨道，一般采用3～5次远地点变轨；对于超同步转移轨道，一般采用3～4次远地点变轨，外加1次近地点变轨。转移轨道的类型由运载火箭的能力、卫星测控时间要求、发射场地理位置和发射方向所受的限制确定。其次，远地点变轨次数的确定是一个折中的过程，即在可容忍的弧段损失范围内以及发动机工作能力范围内选择尽可能少的变轨次数。

在确定变轨次数后，需要对各次变轨进行详细设计。一般来说，每一次远地点变轨都需要完成两项任务——提高近地点高度的同时减小轨道倾角。因此，对每一次变轨通常先给定一个目标控制量（如半长轴的变化量），然后利用优化方法找出本次变轨的最佳点火姿态角、开始点火时刻及点火时间长度，以保证全程变轨的推进剂总消耗量最小。在进行优化计算前，要确定变轨圈次。变轨圈次的确定主要考虑进行变轨操作的地面时间。每一圈远地点经过测控区域的地面时间各不一样，一般选择最符合地面操作人员作息的变轨时间。

通过变轨优化，可以确定推力方向、开始点火时刻和点火时间长度。单次变轨设计必须确保在点火前有足够的时间完成各项准备工作，且每次变轨都应有备份点火点。

2.3.4　卫星测控弧段计算

对于静止轨道通信卫星，在确定了发射窗口和变轨策略后，需要根据地面测控网络的布设情况，并结合飞行程序设计，计算出各项重要飞行事件执行期间的测控弧段，以判断目前的地面测控网络设置能否满足卫星在转移轨道期间飞行控制的测控需求，同时给出各个飞行事件测控弧段的起始时间和结束时间，为飞控准备工作提供参考。

测控弧段计算的输入条件包括两方面：其一，卫星总体任务分析工作提供的卫星变轨策略设计结果、卫星发射窗口的计算结果和卫星飞行程序安排；其二，卫星的地面测控方提供的地球测控站/船的设置情况。巡航姿态下的卫星可跟踪条件为卫星相对地面测控站的通信仰角 E 必须大于一定角度，并且需要考虑卫星能源、姿态敏感器使用等约束条件。

巡航姿态下，不同的发射时间会引起卫星在同一段航时上与同一个地球测控站/船的天线覆盖角发生变化，从而有可能改变测控弧段。因此，应该对每个发射窗口的前沿、后沿分别进行测控弧段计算，以获取在窗口内任意时刻发射卫星所对应的测控弧段信息。

2.3.5　卫星轨道保持设计

理想静止轨道的倾角和偏心率均为零，但受地球非球形、日月引力、太阳光压等摄动因素的影响，实际的静止轨道是一个具有小偏心率、小倾角的轨道，而且周期不完全与地球同步。这些偏离综合起来，使得卫星漂离其定点轨位，星下点偏离其定点位置，且偏离量不断积累。当偏离量达到一定程度时，卫星将无法满足任务要求。静止轨道卫星的定点位保就是使卫星星下点的经纬度位置控制在给定的允许范围内，因此卫星在轨服务期间需要定期地进行东西位保和南北位保。

对应偏心率摄动较小或较大两种情况，东西位保控制策略有两种模式：漂移率修正模式；漂移率和偏心率联合修正模式。

漂移率修正模式的东西位保策略制定主要是设计漂移环。从给定的位保精度中减去经度摄动的短周期项、偏心率摄动引起的星下点经度日振荡（假设不做偏心率联合控制）、平经度测量误差等因素所带来的影响后，将剩下的部分作为允许的漂移环半宽度，东西位保控制就是使卫星以合适的漂移率进入漂移环，并且每当卫星漂移至漂移环的东、西两端时，利用喷气控制使卫星朝相反方向漂移。如果偏心率摄动较大，则需要设计漂移率、偏心率的联合控制策略，并给偏心率设定相应的初始值。

东西位保利用经度方向的漂移加速度进行控制。任意点经度为

$$\lambda = \lambda_0 + \dot{\lambda}t + \ddot{\lambda}t^2/2. \qquad (2.10)$$

对于经度保持在 ±0.1°，可以认为经度漂移加速度 $\ddot{\lambda}$ 为常数，且对于静止轨道有 $\ddot{\lambda} < 0$。定点捕获后，卫星以某一 $\dot{\lambda}$ 值进入漂移极限环，一般令初始 $\dot{\lambda} > 0$。如图 2.1 所示，定点捕获后，卫星在点 B 附近，半长轴小于标准值，卫星向东漂移。在漂移加速度作用下，漂移速度逐渐减小，卫星到达点 C 时，

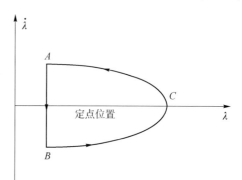

图 2.1　静止轨道东西位保漂移环示意图[7]

漂移速度为 0。然后，移速度改变方向，卫星向西漂移。当卫星到达点 A 时，利用推力器实施控制，减小半长轴，将卫星从点 A 推至点 B，完成一个循环。其控制量的大小可以由下式计算得到：

$$\Delta V = V\Delta a/(2a) = 0.0364\Delta a, \qquad (2.11)$$

式中，ΔV——速度增量，m/s；

$\quad\quad V$——速度，m/s；

$\quad\quad \Delta a$——从点 A 到点 B 的半长轴变化量，km。

东西位保是对卫星星下点的经度进行修正，南北位保则是对其纬度进行修正。星下点纬度漂移主要由非零轨道倾角引起，所以南北位保的目的是控制轨道倾角。由轨道倾角引起的星下点纬度变化可以表示为

$$\phi = \sin i \sin u \approx i \sin u, \qquad (2.12)$$

式中，u——真近点角 f 与近地点幅角 ω 之和，即 $u = f + \omega$，每天在 0°~360°范围内变化，因此轨道倾角的大小就是卫星星下点纬度变化的最大值。

静止轨道倾角变化的主要原因在于日月引力摄动，根据月球轨道升交点黄经的不同，倾角每年的变化在 0.75°~0.95°之间。

南北位保控制的一般策略是使得控制后的轨道具有适宜的倾角偏置量，并且升交点的赤经接近 270°。设南北位保前后轨道倾角的变化量为 Δi，则

所需的速度增量为

$$\Delta V = 53.7 \Delta i. \tag{2.13}$$

2.3.6　卫星离轨方案设计

完成飞行任务的通信卫星需机动离开 GEO 保护区域，以免干扰仍在 GEO 轨道上工作的空间系统。在考虑了所有轨道摄动因素后，卫星离轨机动后近地点高度的最小增加值计算如下：

$$\Delta H = 235 + (1000 \cdot CR \cdot A/m), \tag{2.14}$$

式中，ΔH——变轨结束后近地点高度的最小增加值，km；

　　　CR——太阳辐射压力系数，典型值在 1 和 2 之间；

　　　A/m_g——卫星最大受晒面积 A 与干质量 m_g 之比，m^2/kg；

　　　235（km）——GEO 保护区域上限高度（200 km）与考虑日、月和地球引力摄动下最大下降高度（35 km）之和。

根据上述要求，卫星任务结束时应预留足够的用于任务后处置的推进剂，剩余推进剂一般应最少能提供卫星 10 m/s 速度增量。具体离轨方案如下：第一次点火控制量按 5 m/s 实施，抬高远地点，变轨完成后测轨；半个轨道周期后进行第二次机动，抬高近地点，控制量为 5 m/s，变轨完成后测轨；第三次点火控制量按剩余推进剂的一半进行，抬高轨道，变轨完成后测轨；半个轨道周期后进行第四次机动，控制量为其余的一半剩余推进剂量，继续抬高轨道，变轨完成后测轨；如此反复进行，直至推进剂耗尽。在第二次机动完成后，将控制系统的控制模式切换至非轮控方式，关闭动量轮等活动部件；在确认推进剂耗尽后，及时发送指令关闭载荷。

2.3.7　飞行测控程序设计

卫星可测控条件是轨道设计中要考虑的条件之一。一般地面测控站可接收卫星遥测数据、发送遥控指令、测量卫星轨道的条件有：

（1）卫星相对地面测控站的仰角在设备的允许范围内。

（2）卫星相对地面测控站角速度限制。

（3）测量设备的作用距离。

（4）卫星测控天线有效覆盖地面测控站等。

图 2.2 所示为地球同步轨道卫星简化的基本飞行测控程序。

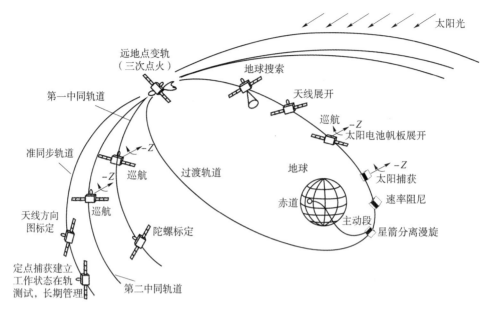

图2.2 通信卫星基本的飞行测控程序

|2.4 通信卫星姿态控制系统设计|

典型通信卫星控制分系统通常采用如下系统配置方案：

（1）敏感器：地球敏感器，互为冷备份；数字式太阳敏感器，用于测量卫星偏航角、滚动角和俯仰角；星敏感器，用于三轴姿态控制；液浮陀螺，用于在转移轨道段和同步轨道段必要时测量卫星三轴角速度。此外，作为执行机构的动量轮提供转速脉冲信号，为卫星正常模式轮控提供必要的转速信息。

（2）控制执行机构：偏置动量轮组件（或反作用轮组件），用于正常模式克服太阳光压干扰，控制卫星滚动、俯仰和偏航姿态；南北帆板驱动机构，分别驱动南北太阳翼转动；太阳帆板驱动机构线路盒，用于冷备份；推进分系统的推力器，产生姿态控制力矩和轨道控制力，以及卫星转移轨道段的变轨推力。

（3）控制器：由控制计算机作为卫星主要控制器来控制系统软件和应

用软件，以完成控制计算功能。

上述设备的组成原理框图如图 2.3 所示。

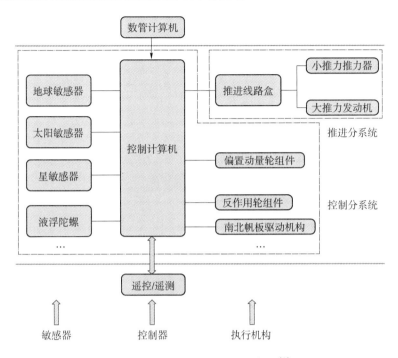

图 2.3　控制分系统组成原理框图[8]

为了实现对姿态的控制，典型的姿态控制分为三部分，即卫星的姿态敏感器、控制器和执行机构，如图 2.4 所示。

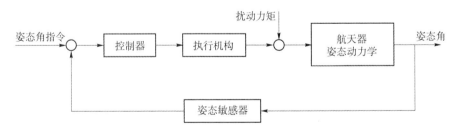

图 2.4　卫星姿轨控制系统的组成

敏感器可以通过光学或其他手段来测量卫星相对于某个基准的姿态，然后通过控制器解算得到卫星相对于给定基准的姿态，再与所需的姿态作比对，如果不满足，则驱动执行机构产生力矩，改变卫星相对于给定基准的姿态，直至满足要求为止。

卫星的姿轨控制系统还与遥控/遥测有紧密的联系，卫星姿轨控制系统的工作模式、期望的姿态等均通过地面测控站发送指令传到卫星，也可由卫星自主决定，同时卫星的姿态信息需通过遥测下传到地面测控站。由于卫星的姿态受空间环境力矩的作用，因此姿轨控制系统的作用就是克服空间环境力矩，按照遥控指令或预置的理论阈值达到所要的姿态。

2.4.1 姿态控制系统的分类

姿态控制按照是否消耗能源可以分为被动型和主动型。被动型不消耗能源和工质，但其精度低；主动型需消耗能源与工质。早期的卫星受技术条件限制而较多地使用了被动型姿态控制，随着技术的发展和对卫星控制精度的要求逐渐提高，主动型姿态控制系统占据了统治地位。当然，因被动控制的优点，也有很多控制系统同时采用被动型和主动型姿态控制，以减少能源消耗。

被动控制的两种主要方式是自旋稳定和重力梯度稳定。自旋稳定是指利用卫星绕自旋轴旋转产生的动量矩在惯性空间的定轴性，使自旋轴在无外力作用时在惯性空间定向，有外力矩时以某角度运动而不做加速运动。重力梯度稳定是指利用卫星各部分质量在地球引力场中受到不等的重力，使绕圆轨道运行的刚体卫星的最小惯量轴趋向于稳定在当地铅垂方向。除了这两种方式外，被动控制还包括气动稳定、磁稳定和光压力稳定等方式，但这几种都很少见。

主动控制要利用星上能源，依靠直接（或间接）敏感到的姿态信息，按照一定的操纵控制力矩实现姿态的控制。依照执行机构的不同，主动控制主要分为质量排出型、动量交换型和磁控制等类型。质量排出型主要是由星上的推力器将工质以较高的速度排出，由此产生反作用力矩控制卫星的转动。动量交换型是指在卫星上安装旋转的飞轮，通过改变飞轮的转动角速度（或者改变飞轮旋转轴方向）来改变飞轮系统的角动量，而飞轮角动量的改变会产生力矩作用到卫星本体。磁控制是指在卫星上安装电磁线圈，通过改变线圈中通过的电流来与地球磁场相互作用，产生反作用力矩。目前通信卫星均采用主动控制方式。图 2.5 所示为以质量排出型和动量交换方式的进一步分类。

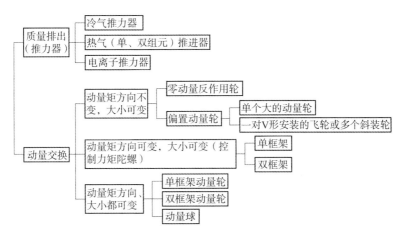

图 2.5 以执行机构来划分的分类

质量排出型控制系统主要是冷气推进、热气推进和电离子推进，高轨通信卫星平台通常使用的是双组员热气推进系统。角动量交换系统根据角动量装置的动量矩方向与大小的可变情况可分为三种，即固定安装的动量轮（或反作用轮）系统、控制力矩陀螺和框架动量轮。

2.4.2 姿态的表示方法

卫星本体坐标轴 x_b、y_b、z_b 在参考坐标系（x_r, y_r, z_r）中的方向确定了卫星的姿态。描述两个坐标轴相对姿态的方式有多种，可以根据不同的应用场合来选择最方便的描述方式。目前最常用的几种描述方式是欧拉角、四元数和姿态矩阵，由于两个坐标轴之间的姿态关系是唯一确定的，因此这几种姿态描述方式可以两两互相转化。

1. 欧拉角

在工程中很常用的一种姿态描述方式是欧拉角，它只有三个姿态角参数，具有明显的几何意义，在小角度线性化条件下，运动方程表达式非常简单。在欧拉角表示方法中，将参考坐标系 $Ox_r y_r z_r$ 做三次旋转，从而使它与卫星本体坐标系 $Ox_b y_b z_b$ 重合。在这三次旋转中，每次的旋转轴都是被转动坐标系的坐标轴，每次转动的角度称为欧拉角，共用三个欧拉角来表示两个坐标轴之间的姿态关系。

由于转动过程不仅与每次转动的角度大小有关，还与转动顺序有关，所以按照转动顺序也可以分为多种。最常用的是 zxz 转序和 zxy 转序，其中 zxz 转序常用于自选稳定卫星的研究，而 zxy 转序常用于三轴稳定卫星。对于地球静止轨道，所使用的也是 zxy 转序（也称 3 – 1 – 2 转序），因此接下来以 zxy 转序为例讨论三轴欧拉角的定义。

如图 2.6 所示，坐标系 $Oxyz$ 分别绕 z、x'、y'' 转动 ψ、ϕ、θ，最终得到坐标系 $Ox''y''z''$，因此仅用三个角就可以表示 $Oxyz$ 和 $Ox''y''z''$ 的姿态关系[9]。其中，ψ、ϕ、θ 分别称为偏航角、滚动角和俯仰角。

$$Oxyz \xrightarrow{\text{绕}z\text{转动}\psi} Ox'y'z' \xrightarrow{\text{绕}x'\text{转动}\phi} Ox'y''z' \xrightarrow{\text{绕}y''\text{转动}\theta} Ox''y''z''$$

图 2.6　转序为 3 – 1 – 2 的欧拉角产生过程

2. 姿态矩阵

要想描述本体坐标系 $Ox_by_bz_b$ 在某个基准坐标系 $Ox_ry_rz_r$ 中的姿态，只需将本体坐标系 $Ox_by_bz_b$ 的三个轴的方位描述出来即可，所以可以考虑在基准坐标系 $Ox_ry_rz_r$ 中表示本体坐标系 $Ox_by_bz_b$ 三个轴的方位。

假设：在基准坐标系 $Ox_ry_rz_r$ 中，x_b 轴的单位向量可表示为（A_{xx}, A_{xy}, A_{xz}），y_b 轴的单位向量可表示为（A_{yx}, A_{yy}, A_{yz}），z_b 轴的单位向量可表示为（A_{zx}, A_{zy}, A_{zz}）。这三个向量可以组成如下矩阵：

$$A = \begin{bmatrix} A_{xx} & A_{xy} & A_{xz} \\ A_{yx} & A_{yy} & A_{yz} \\ A_{zx} & A_{zy} & A_{zz} \end{bmatrix}. \tag{2.15}$$

矩阵 A 称为基准坐标系 $Ox_ry_rz_r$ 到本体坐标系 $Ox_by_bz_b$ 的姿态转换矩阵。可以证明，姿态转换矩阵是正交矩阵，即 $AA^T = I$。由于该式可确定 6 个约束方程，因此它实际上与欧拉角表达方法一样，也只有三个独立的量。姿态矩阵在描述两个坐标系之间的转化关系时，可以通过矩阵的乘法进行计算，这是它的方便之处；其不足的是不够直观，很难从数据上直接看出姿态的关系。

3. 四元数

根据欧拉定理可知，对于任意两个不同的坐标系，都可以在空间中找到唯一一个轴，可以让其中一个坐标系绕该轴旋转一个角度后与另一个坐标系重合。设初始坐标系为基准坐标系 $Ox_ry_rz_r$，转动后的坐标系为 $Ox_by_bz_b$，该固定转动轴与 $Ox_ry_rz_r$ 三轴的夹角为 β_1、β_2、β_3，一次转动的角度为 Φ，则这四个数可以描述两个坐标系的相对姿态关系，也可以用以下 4 个数（q_0, q_1, q_2, q_3）来表示：

$$\begin{cases} q_0 = \cos(\Phi/2), \\ q_i = \sin(\Phi/2)\cos\beta_i, & i = 1, 2, 3. \end{cases} \tag{2.16}$$

不难看出，它们有以下约束条件：

$$q_0^2 + q_1^2 + q_2^2 + q_3^2 = 1. \tag{2.17}$$

因此，它与欧拉角和姿态矩阵一样，也只有三个独立的变量。使用四元数的最大好处是它在描述卫星姿态运动学方程时比较简洁，不像欧拉角那样在描述卫星姿态运动学方程中出现分母中有三角函数的情况，因此用四元数来描述的运动学方程不会出现奇异。

2.4.3　姿态确定分类及参考基准

姿态确定是指利用敏感器测量值及算法得到卫星相对于某个参考系的姿态，它是姿态控制的前提。按照姿态测量的信息来源分类，可以有以下几种：

（1）利用地球物理特性：地球敏感器（以下简称"地敏"）、磁强计、地面路标跟踪器。

（2）利用天体位置：太阳敏感器（以下简称"太敏"）、星敏感器（以下简称"星敏"）。

（3）利用惯性基准：陀螺、加速度计。

（4）利用无线电信标：射频敏感器。

在通过各种敏感器得到测量数据后，以这些测量数据为输入，通过姿态确定算法得到卫星相对于某个参考坐标系的姿态。参考坐标系的选择与任务有关。典型 GEO 卫星在太阳捕获模式下将太阳光作为参考，直接由背地板的太阳敏感器测量 $-z$ 轴与太阳光的偏差量；在远地点点火时，由于轨道倾角不断改变，所以使用东南坐标系（x 轴指正东，y 轴指南，z 轴指地）为参考坐标系；在地球指向模式、位保和正常模式等大部分时间下，都采用轨道系作为基准，也就是考察卫星指向地球的精准程度。

对于三轴稳定卫星，在大部分时间其参考坐标系是轨道坐标系。举例说明，如图 2.7 所示，太阳敏感器测得的是卫星相对于太阳的姿态，星敏感器测得的是卫星相对于星图的姿态（即相对于惯性空间的姿态），陀螺角速度计可以得到卫星相对于惯性坐标系的姿态，而卫星在正常模式运行时所需的是相对于轨道坐标系的姿态。因此，首先要根据当前时刻推算惯性坐标系下太阳矢量和星图方位信息，然后获取当前的轨道信息（轨道位置坐标、轨道速度或六要素），最后融合以上敏感器测量数据得到相对于惯性空间的姿态。

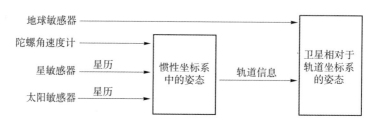

图2.7 以轨道坐标系为基准的姿态确定过程

有时，参考坐标系和敏感器测量使用的坐标系一致。例如，地敏以地球为基准，因此所测量的俯仰角和滚动角正好是我们想要的，无须处理，可以直接使用。此外，在太阳捕获过程中，$-z$ 面上沿着 x、y 向安装的太敏直接得到卫星 $-z$ 面与太阳光线的夹角。在这些情况下，测量值可以直接作为控制系统的姿态反馈，无须再处理。但在更多的情况下，还需要通过一定的方法才能得到相对于某个参考坐标系的测量姿态值。

一般情况下，陀螺测量的是卫星在惯性空间中的角速率，无法直接给出姿态信息。为此，可以对角速率进行积分。如果知道卫星在惯性空间中的初始姿态，就可以积分得到此后每个时刻卫星在惯性空间中的姿态，这就是惯性基准测量角度的基本原理。具体实现：把表征角速率大小的模拟量通过电路转换为频率值（即一个个脉冲串），则脉冲的频率正比于角速率大小，那么对脉冲串进行计数，某个时间段内的脉冲串累计值和角速率对时间积分值就成正比关系；然后，根据比率系数就可以由脉冲个数换算出卫星在这个时间段内的转动角度值。

直接对卫星角速率积分，可得到相对于惯性坐标系的转角。实际上，在小角度情况下可以得出相对于轨道系的转角。设卫星相对于轨道系的欧拉角为 (ϕ,θ,ψ)，相对于轨道系的欧拉角速率为 $(\dot{\phi},\dot{\theta},\dot{\psi})$，惯性空间中的姿态角速度为 $(\omega_x,\omega_y,\omega_z)$，则在小角度近似情况下，有以下表达式：

$$\begin{pmatrix} \dot{\phi} \\ \dot{\theta} \\ \dot{\psi} \end{pmatrix} = \begin{pmatrix} 1 & \psi & -\theta \\ -\psi & 1 & \phi \\ \theta & \phi & 1 \end{pmatrix} \begin{pmatrix} \omega_x \\ \omega_y \\ \omega_z \end{pmatrix}. \tag{2.18}$$

对式（2.18）积分，就可以得到一段时间内卫星对轨道系的转动角度。

1. 双矢量定姿

假设已知某轴与一个已知方位的参考轴的夹角，该轴与参考轴的位置关系还不确定，但是处在一个圆锥上，如果参考轴有两个，则可以根据两个圆锥的相交确定两条直线，然后根据其他已知信息剔除一条不合理的直线，剩下的直线就是该轴相对于已知参考轴的方位。由此可见，唯一确定姿态至少需要两个参考轴。

以上为直观的解释，下面从数学方面来求解。假设参考坐标系中有两个不平行的参考矢量 V_1、V_2，而它们在卫星本体坐标系中被测量到是 U_1、U_2，现在求解卫星本体相对于参考坐标系的姿态，这里用姿态矩阵 A 来描述，利用参考基准不平行（即 $V_1 \times V_2 \neq 0$）的条件，在参考坐标系中另外构造一个新的坐标系 R，其三个轴的单位矢量为

$$R_x = V_1, R_y = \frac{V_1 \times V_2}{\| V_1 \times V_2 \|}, R_z = R_x \times R_y. \tag{2.19}$$

同理，以卫星本体坐标系为基础，建立一个新的坐标系 S，其三个轴的单位矢量为

$$S_x = U_1, S_y = \frac{U_1 \times U_2}{\| U_1 \times U_2 \|}, S_z = S_x \times S_y. \tag{2.20}$$

然后用坐标系 R 和 S 的三个轴的向量构造 3×3 矩阵：

$$M_R = \begin{bmatrix} R_x, R_y, R_z \end{bmatrix}, M_S = \begin{bmatrix} S_x, S_y, S_z \end{bmatrix}. \tag{2.21}$$

最终可以得到卫星本体坐标系相对于参考坐标系的姿态矩阵 $A = M_S M_r^{-1}$，而姿态矩阵可以转化为常用的欧拉角。

常用的参考矢量是地球矢量和太阳矢量，用这两个矢量就可以确定卫星本体相对于轨道坐标系的姿态。卫星质心与地球、太阳连线，构成两个矢量。首先，由轨道信息和太阳星历确定轨道坐标系中的两个矢量，即 V_1、V_2；然后，根据太阳敏感器和地球敏感器测量值，并结合它们在卫星本体中的安装方位，即可得到太阳矢量、地球矢量在卫星本体坐标系中的表达式（即 U_1、U_2）；接着，就可以根据上述双矢量定姿方法来求出卫星本体

相对于轨道坐标系的姿态矩阵，也可以进一步转换为欧拉角的形式。

2. 状态估计

以上讨论的姿态确定方法都是先由敏感器通过一次测量，然后利用一定的算法直接得出卫星相对于某个参考坐标系的姿态。这种测量方法用简单的球面几何和代数方法来直接确定姿态，有明确的几何意义，但是卫星轨道参数的误差、姿态敏感器安装误差、信号处理误差等系统误差均没有被考虑在内，且在此过程中未对测量误差进行定量分析，数据处理过程中也没有采取专门的措施来降低测量误差对姿态确定精度的影响，而这些因素对于高精度的姿态测量是很重要的。

卫星在飞行过程中，姿态测量数据以一定的采样间隔不断产生，数据量大，并且往往要求将几类不同的姿态敏感器的测量数据组合，进行综合处理。这种由大量姿态测量数据求出的具有某种统计意义上最优的卫星姿态的方法，称为卫星姿态确定的统计方法，这一过程称为状态估计或滤波。

在以统计估计方法确定卫星姿态的过程中，通常将姿态参数以及姿态确定过程中相关的物理量和参数统称为系统的状态量，将这些状态量组成状态矢量，记为 $\boldsymbol{X}$。除姿态参数外，状态矢量的元素通常还可以包括测量系统中与姿态敏感器性能相关的参数（如光学敏感器的测量偏差、安装误差，陀螺漂移等），这些元素既可以是某个待估计的常量（如敏感器安装误差），也可以是随时间按某种规律而变化的量（如姿态角、轨道）。通常，状态矢量随时间的变化用下面的状态方程来微分描述：

$$\dot{\boldsymbol{X}} = f(\boldsymbol{X}, t) + \boldsymbol{W}, \qquad (2.22)$$

式中，$\boldsymbol{W}$——零均值的随机矢量，称为系统误差，用于描述系统运动模型的不确定性。

姿态敏感器的输出量称为测量值，由测量值组成的矢量称为观测矢量，记为 $\boldsymbol{Z}$。观测矢量既可以是姿态敏感器的直接输出量，也可以是敏感器测量值经过处理后导出的某个物理量。观测矢量 $\boldsymbol{Z}$ 与状态矢量 $\boldsymbol{X}$ 之间的函数由下面的观测方程给出：

$$\boldsymbol{Z} = h(\boldsymbol{X}, t) + \boldsymbol{V}, \qquad (2.23)$$

式中，$\boldsymbol{V}$——零均值的随机噪声矢量，称为观测噪声。

观测方程由姿态敏感器的测量模型决定，与选取的状态矢量的元素有关。

状态估计通常是给定初始时刻 t_0 的估计值 $\hat{\boldsymbol{X}}(t_0)$，数据处理过程分为预报和修正两个步骤：

第 1 步，基于状态方程给出的运动规律，由 $\hat{\boldsymbol{X}}(t_0)$ 预报 $t(t > t_0)$ 时刻的状态估计值，将其记为 $\hat{\boldsymbol{X}}^*(t)$。受系统误差 $\boldsymbol{W}$ 的影响，预报过程得到的估计值将随时间逐步增大。

第 2 步，基于观测方程给出的关系，由 t 时刻的观测量 $\boldsymbol{Z}(t)$ 对相应的状态估计值 $\hat{\boldsymbol{X}}^*(t)$ 进行修正，得到校正后的新的状态估计值，记为 $\hat{\boldsymbol{X}}^+(t)$，然后转回第 1 步进行重复，如此循环，每个时刻均进行一次测量、一次估计、一次修正，则总趋势就是使状态估计的误差减小，使估计值更接近真实值。

状态估计器的设计任务就是基于系统模型，综合权衡系统误差和观测误差的影响，使得计算得到的状态估计值具有统计意义上的最优性质。由于系统模型的形式以及选取的优化准则不同，统计估计的方法也各不相同，常用的估计方法有最小二乘法和卡尔曼滤波法。

最小二乘法是最基本的估计方法，它是由 18 世纪的数学家高斯提出的，由于其计算简单、要求的知识少、稳定性好，因此经久不衰。卡尔曼滤波（Kalman filtering）理论最初由美国学者卡尔曼于 20 世纪 50 年代末提出，在美国阿波罗登月计划中被成功运用，此后被广泛应用于工程实践，并在实践中不断得到完善和扩展，产生了扩展卡尔曼滤波（extended Kalman filtering，EKF）和无迹卡尔曼滤波（unscented Kalman filtering，UKF）等变种。

举例说明，当卫星有星敏和陀螺时，考虑到星敏的安装误差及其更新速度慢，而陀螺有漂移的问题，可以采用如下方法：首先，将二者的优势进行综合来联合定姿，选取星敏测得的四元数及安装误差、陀螺测得的角速率以陀螺漂移为状态量，选取星敏四元数和陀螺测量的角速度为观测量；然后，采用卡尔曼滤波，用观测量不断估计状态量；最后，得到安装误差和陀螺漂移率的估计值。该组合系统比单纯使用陀螺积分或者单纯使用星敏的精度更好。

2.4.4　姿态控制方法

姿态控制包括姿态稳定、姿态捕获和姿态机动。卫星入轨后所进行的太阳捕获和地球捕获属于姿态捕获过程；典型 GEO 卫星远地点点火时需要

绕 y 轴旋转 $90°$，这是姿态机动；卫星在轨长期运行期间，要保持 z 轴高精度对地，这属于姿态稳定。上述内容均属于卫星姿态控制研究范畴，即由卫星控制系统根据任务需要，在完成姿态确定后，由控制律得到控制量，驱动执行机构产生控制力矩，改变或维持卫星的姿态。

卫星的姿态控制按照是否有较大动量可以分为整星零动量卫星和偏置动量卫星。零动量卫星的各轴之间耦合小，控制方便，容易进行姿态机动；偏置动量卫星利用偏置动量的定轴性可以使姿态更稳定，不易受到干扰的影响，从而可减小消耗。

典型 GEO 卫星平台通常装有 10 N 推力器、一个反作用轮和两个偏置动量轮。在动量轮启动前，卫星属于整星零动量，此时可以通过 10 N 推力器完成三轴解耦控制。当偏置动量轮启动后，卫星在 $-y$ 方向有一个很大的偏置角动量，此时卫星滚动与偏航运动耦合，主要使用飞轮系统来控制；当姿态误差超出边界时，用推力器来进行控制；当飞轮转速达到上限（即饱和）时，使用推力器来进行卸载。

1. 偏置动量卫星运动特性

偏置动量卫星由于较大偏置动量的存在，其运动特性、控制问题与零动量卫星有所不同，图 2.8 所示为二者区别的示意图。对于零动量卫星，当在 z 轴正方向上施加一个控制力矩 M 后，卫星必须在 $+z$ 轴产生一个角动量的增量 ΔH，其实现方式是绕 $+z$ 轴旋转；对于偏置动量卫星，设其在 $-y$ 轴上有一个很大的偏置角动量 H_0，同样在 $+z$ 轴上作用一个力矩 M 后产生 ΔH，但其实现方式不是绕 $+z$ 轴转动，而是绕 x 轴通过转动 H_0 的方向来间接产生 ΔH。可见，虽然施加同样的力矩，但二者的运动规律不一样。

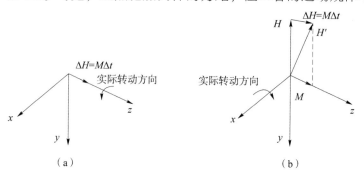

图 2.8 零动量卫星和偏置动量卫星运动特性示意图

（a）零动量卫星；（b）偏置动量卫星

　　偏置动量卫星在 y 方向的运动与 x、z 轴的运动不相关，可以单独进行分析和设计。小角度时，y 轴的动力学方程为

$$I_y\ddot{\theta} + 3\omega_0(I_x - I_z)\theta = T_{dy} - h_y, \qquad (2.24)$$

式中，I_x, I_y, I_z——x, y, z 轴的转动惯量；

　　　θ——俯仰角；

　　　h_y——动量轮系统在 y 轴的角动量；

　　　ω_0——轨道角速度；

　　　T_{dy}——y 方向光压力矩。

　　由式（2.24）可知，y 轴运动不受 x 轴和 z 轴的影响。静止轨道卫星受到的干扰力矩主要是太阳光压力矩，设 x 方向光压力矩为 T_{dx}，z 轴光压力矩为 T_{dz}，动量轮系统在 z 轴产生动量为 h_z，那么在小角度情况下，滚动角和偏航角的动力学方程可近似描述为

$$\begin{cases} I_x\ddot{\phi} + H_0\omega_0\phi + H_0\dot{\psi} = \omega_0 h_z + T_{dx}, \\ I_z\ddot{\psi} + H_0\omega_0\psi - H_0\dot{\phi} = -\dot{h}_z + T_{dz}. \end{cases} \qquad (2.25)$$

　　根据上述方程，选定惯量参数和一定的姿态初值，则在不考虑干扰力矩和控制力矩时，得到一个静止轨道卫星滚动角和偏航角随时间的变化趋势，如图 2.9（a）所示。图 2.9（b）所示的曲线是选定一个太阳干扰模型时，其滚动角和偏航角的变化趋势。

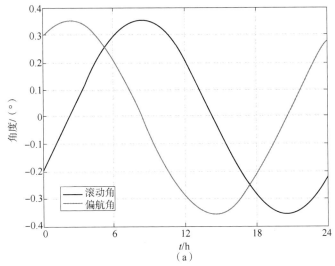

图 2.9　无干扰和有干扰情况下滚动角和偏航角变化趋势（附彩图）

（a）无外力矩干扰时角度变化趋势

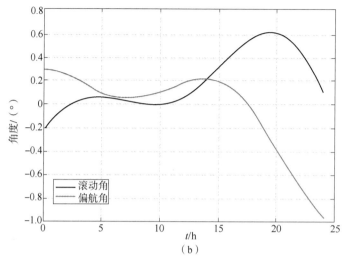

图 2.9　无干扰和有干扰情况下滚动角和偏航角变化趋势（续）（附彩图）
（b）太阳光压干扰下角度变化趋势

从 2.9（a）所示的曲线可以看出，无外力矩时，卫星的 x 轴与 z 轴欧拉角运动呈现周期变化，有一个长周期的运动，其周期为轨道周期（即 24 h），另有一个短周期的运动（称为章动），其角频率为 $\omega_n = \sqrt{H_0^2/I_x I_y} \approx 1000$ s，二者的叠加造成一条锯齿状的等幅振荡曲线。对于长周期的运动，每隔 1/4 个轨道周期（即 6 h），滚动角和俯仰角就相互交替，呈现滚动与偏航的耦合特性。从图 2.9（b）所示的曲线可以看出，当卫星受到持续的干扰力矩时，其姿态是逐渐发散、不断增大的，因此需要控制系统对姿态进行控制。

2. 喷气控制的伪速率调制器

以推力器为执行机构的三轴稳定姿轨控制系统是一种主动式零动量姿轨控制系统，其主要特点是响应快、指向精度高，适用于有指向要求的卫星，可用于卫星入轨后的消除姿态偏差、速率阻尼、姿态捕获、姿态机动，以及正常轨道运行期间和变轨发动机工作期间的姿态稳定。但是喷气控制系统使用消耗性原料（即推进剂），这是卫星寿命的主要限制条件之一，因此喷气控制系统必须有效使用推进剂。

推力器是以一种开关式的方式工作的（即非开即关），所产生的力矩不像轮控系统那样可以连续调节，但目前许多控制规律得出的控制量都是连续的。为了解决这一问题，可以构造一种伪速率调制器，这种控制器的输入是卫星控制器根据姿态角和角速率得到的连续控制量，而输出只能取 0、+1、−1，输出为 0 时表示推力器不工作，输出为 +1 和 −1 则分别表示正向推力器和负向推力器工作。这种脉冲形式的输出，其占空比与输入的控制量成正比。这种控制器的基本思想就是通过推力器间歇地工作，使一段时间内的平均推力等于控制量的大小，从而解决推力器喷气力矩无法连续可调的问题。

如图 2.10 所示，虚线框中即伪速率调制器（pseudo – rate modulator, RPM），它由一个带死区的继电环节和一个反馈组成，其中 h_A、h_E 为位速率调制器的两个阈值。设输入为 u_i，输出为 u_o。由于控制器关于原点对称，因此接下来仅以 $u_i > 0$ 讨论实线框内控制器的意义，而 $u_i < 0$ 的情况可以类推。

A. 当 $0 < u_i < h_A$ 时，输出 $u_o = 0$。

B. 当 $u_i > h_E$ 时，输出 $u_o = 1$。

C. 当 $h_A < u_i < h_E$ 时，如果当前 u_i 在减小（即 $\dot{u}_i < 0$），则 $u_o = 1$，如果 u_i 在增大（$\dot{u}_i < 0$），则 $u_o = 0$。

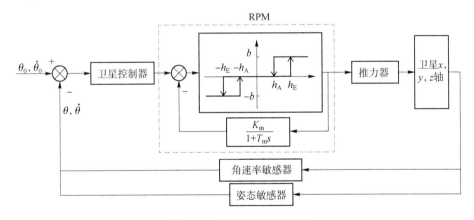

图 2.10　伪速率调制器结构

卫星的控制器根据角度和角速率反馈得到控制量，然后经过虚线框中的伪速率调制输出数字脉冲，如图 2.11 所示。

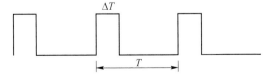

图 2.11　伪速率调制器的输出

设推力器脉冲的周期为 T，喷气脉宽长度为 ΔT，则推力器工作的平均效果为

$$\frac{\Delta T}{T} = \frac{u_i - h_E + \frac{1}{2}(h_E - h_A) + T_m \dot{u}_i}{K_m}. \qquad (2.26)$$

从式（2.26）可以看出，推力器的平均输出是输入 u_i 及其速率 $\dot{u}_i$ 的线性组合，并可通过参数 h_A、h_E、T_m、K_m 来调节，即伪速率调制器通过推力器间歇工作的方式，让喷气力矩与输入值 u_i 及其变化率 $\dot{u}_i$ 成正比，达到 PD 控制的效果。

下面以一个 y 轴的喷气控制来说明伪速率调制器的效果。卫星的 y 轴在空间中的运动是与 x、z 轴解耦的，它可以看成一个单轴系统，即由力矩产生角加速度，然后积分两次得到角度。

如图 2.12 所示，指令输入的角度和角速度分别为 θ_0、$\dot{\theta}_0$，实际角度和角速度分别为 θ、$\dot{\theta}$，y 轴的喷气力矩为 M_y，y 轴的转动惯量为 I_y，卫星控制器首先经过一个 PD 控制器，即 $u_i = K_P \Delta\theta + K_D \Delta\dot{\theta} = K_P(\theta - \theta_0) + K_D(\dot{\theta}_0 - \dot{\theta}_0)$，然后将 u_i 作为伪速率的输入，最后得到控制力矩来控制卫星的 y 轴。

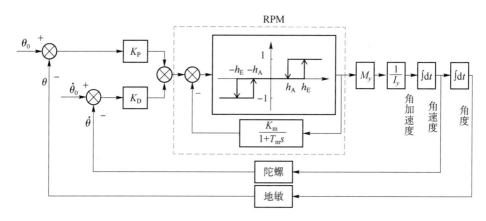

图 2.12　控制器框图

3. 飞轮控制方式

轮控系统有很多类型，其中控制力矩陀螺和框架动量轮因其控制力矩大而广泛应用到空间站级别的大型航天器中，而且其控制律复杂，因此在

中小型航天器中应用不多。在典型 GEO 卫星平台中常使用的是固定安装的动量轮和反作用轮，因此接下来仅介绍固定安装的动量轮和反作用轮构成的飞轮系统，主要是构型和 PID（proportional – integral – derivation，比例 – 微分 – 积分）控制。

1）飞轮的构型

考虑到飞轮的类型（使用零动量反作用轮还是偏置动量轮）、个数、安装方位的不同，轮控系统就会有不同的构型。对这些构型进行设计时，需综合考虑可靠性、是偏置动量还是零动量、控制精度以及控制力矩的维数等因素，不同的构型有不同的特点和适用范围。

图 2.13 所示为几种常见的构型。其中，图 2.13（a）所示的 3 轴正装轮加一个斜装轮（简称"3 + 1S"）构型既可以是 4 个反作用轮，也可以是 4 个偏置动量轮，这种结构可以任意方向控制力矩，正常模式下使用 3 个正装轮，当有一个失效时由斜装轮顶替。图 2.13（b）所示的金字塔构型是 4 个轮子沿着 4 棱锥的边安装，该四棱锥的高与底面边长相等，由于酷似金字塔而得名，此种构型可以保证以最小的功耗来产生需要的力矩。图 2.13（c）所示为 V 形轮，它是由 yz 平面沿 y 轴对称安装两个偏置动量轮（MW_1、MW_2），然后在 z 轴安装一个反作用轮（RW），它以"3 保 2"的方式工作，提供 $-y$ 方向的较大偏置动量，以及 y 方向和 z 方向的控制力矩。

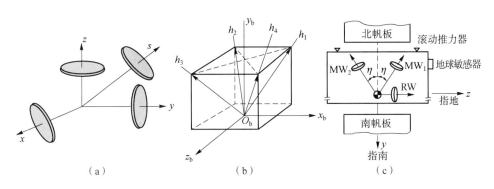

图 2.13　常见的轮控系统构型[10]

（a）3 轴正装轮加一个斜装轮；（b）金字塔构型 4 个斜装轮；（c）V 形轮

对于给定的构型，控制律得到的是三轴控制的控制力矩（$\dot{h}_x, \dot{h}_y, \dot{h}_z$）（也有可能是两轴甚至是一轴），这个控制力矩由飞轮系统各个飞轮力矩的矢量合成来产生，也就是控制力矩还需分配到各个动量轮，这就需要分配矩阵，设第 i 个飞轮应该输出角动量变化率为 $\dot{h}_i$，则分配矩阵 $\boldsymbol{A}$ 定义如下：

$$\begin{bmatrix} \dot{h}_1 \\ \vdots \\ \dot{h}_n \end{bmatrix} = \boldsymbol{A}^{n \times 3} \begin{bmatrix} \dot{h}_x \\ \dot{h}_y \\ \dot{h}_z \end{bmatrix}. \tag{2.27}$$

2）PID 控制

飞轮能够通过改变自身的角动量，在其工作范围内提供连续的、较精确的控制力矩。由于其控制力矩可以连续可调，因此对于飞轮控制系统，经典控制方法常选用 PID 方法。对于控制系统，设指定角度为 θ_c，实际角度为 θ，误差为 e，那么输出控制量为

$$u_o(t) = K_P e(t) + K_I \int_0^t e(\tau) \mathrm{d}\tau + K_D \dot{e}(t), \tag{2.28}$$

式中，$e(t) = \theta(t) - \theta_c$。

对于动量轮，当工作在力矩模式下时，其提供的力矩就是飞轮角动量变化量，即 $\dot{h}(t) = u_o(t)$。

由于 y 轴和 x 轴、z 轴是解耦的，因此可将其看作一个单轴的控制系统。以 y 轴为例，y 轴姿态的动量轮控制方式如图 2.14 所示。首先，控制系统采集实际的角度和角速度；然后，由 PID 控制器得到控制量；最后，动量轮根据这个控制量指令来改变自身的转速，产生 $\dot{h}_y$，也就是控制力矩。

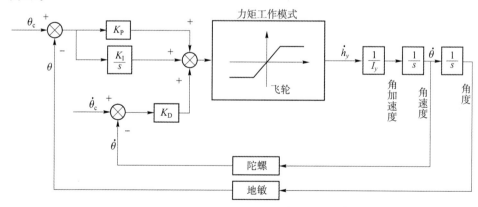

图 2.14　飞轮系统的 PID 控制框图

2.5　小　结

本章首先从通信卫星主要任务及总体性能指标和参数分配的角度对通信卫星的姿轨控制任务需求与总体参数分配进行了阐述，研究了从用户需求分析到卫星工程系统设计过程中的各项指标与任务确定方法。然后，阐述了通信卫星轨道设计工程上常用的指标与方法，从通信卫星全轨道周期任务需求视角出发，探究了通信卫星轨道的设计方法，包括变轨方案、轨道保持、离轨方案等。此外，本章阐述了对卫星姿态控制分系统的设计方法，包括敏感器、控制执行机构与控制器的组成与选型，姿态确定和姿态控制方法等，并针对卫星姿轨控制系统设计中存在的问题提出了解决思路。

参考文献

［1］ 宋奕辰，徐小涛，宋文婷. 国内外卫星移动通信系统发展现状综述［J］. 电信快报，2019（8）：37－41.

［2］ 彭成荣. 中国航天器总体设计技术的进展［J］. 航天器工程，2002（1）：3－17.

［3］ 袁国平. 航天器姿态系统的自适应鲁棒控制［D］. 哈尔滨：哈尔滨工业大学，2013.

［4］ GOTTZEIN E，FICHTER W，JABLONSKI A，等. 通信卫星的控制和自主问题［J］. 控制工程，2002（3）：26－37.

［5］ 李于衡，刘震，黄兴弟，等. 在轨地球同步卫星自主工程测控研究［J］. 空间科学学报，2012，32（5）：730－738.

［6］ 邵瑞芝，范本尧. 长寿命通信卫星的可靠性研究［J］. 北京中国空间科学技术，1996，16（4）：24－33.

［7］ 曲广吉. 航天器动力学工程［M］. 北京：中国科学技术出版社，2000.

［8］ 张洪太，王敏，崔万照. 卫星通信技术［M］. 北京：北京理工大学出版社，2018.

［9］ 章仁为. 卫星轨道姿态动力学与控制［M］. 北京：北京航空航天大学出版社，1998.

［10］ 周志成，曲广吉. 通信卫星总体设计和动力学分析［M］. 北京：中国科学技术出版社，2013.

第 3 章

事件驱动自抗扰控制技术概述

|3.1 引 言|

空间中运行的卫星难以避免外部干扰的影响，而卫星受燃料晃动负载变化等因素影响，这会导致本身的参数波动或不确定。因此，卫星的主动抗干扰控制尤为重要，也是通信卫星长效稳定运行的关键。在经典的 PID 控制的基础上，自抗扰控制（active disturbance rejection control，ADRC）在保持对模型的低依赖性的同时，增强了对扰动的抑制能力，在处理大范围不确定且系统结构复杂的控制问题方面有较大优势。同时，考虑到星上有限的通信与计算资源，在网络化控制领域兴起的事件触发控制[1-8]在通信卫星姿轨控制领域同样有着广阔的应用前景。本章聚焦于自抗扰技术和事件触发自抗扰技术，对其发展、原理及在航天领域的应用做简要介绍。

3.1.1 自抗扰控制

经典的自抗扰控制器主要包括三部分——跟踪微分器（tracking differentiator，TD）[9-11]、扩张状态观测器（extended state observer，ESO）[12]、非线性状态误差反馈（nonlinear state error feedback，NLSEF）[13-15]。自抗扰控制技术发扬 PID 控制不严格依赖于系统模型的优势，充分利用系统的输入/输出数据与误差信息，对未知扰动的信息进行估计并给予补偿。自抗扰控制器是最有望在工业界中取代仍占有统治地位的 PID 控制的一种控制技术，其自抗扰控制技术的影响力与日俱增。自抗扰控制器自提出后，其稳定性、设计方法与控制性能被广泛讨论[16]。

参数整定与优化问题是自抗扰技术的重要挑战，也是自抗扰控制技术应用推广需要解决的核心问题。在自抗扰控制器的设计过程中，由于跟踪微分器、扩张状态观测器、非线性状态误差反馈中均包含多个可调节的参数，并且可调参数的数量会随着系统阶数的升高而变得更多，因此自抗扰控制技术的参数整定成为一个艰巨而充满挑战的任务。常见的自抗扰控制器参数整定方法包括频域设计法、人工智能法、经验公式法等。文献[17]将扩张状态观测器和非线性状态误差反馈线性化后，针对线性的自抗扰控制器提出了完整的参数化方法和整定技术，并与同样通过带宽参数化整定得到的比例 – 微分（proportion – differentiation，PD）控制器进行对比，说明了自抗扰控制器无须积分项即可实现零稳态误差、在过渡过程有更好的跟随性能、在参数不准确的情况下有更好的控制性能等优势。该文献极大地推动了自抗扰控制器的发展，使得对线性自抗扰控制器（linear active disturbance rejection control，LADRC）的研究与应用成为热门。文献[18]在线性自抗扰控制器的带宽参数化整定方法的基础上，利用模型信息（如极点、零点、时延）改进控制器，提出了广义自抗扰控制（generalized ADRC，GADRC），并通过仿真说明了广义自抗扰控制器在处理时延系统与非最小相位系统时有更好的控制性能。针对线性系统，频域设计法取得了较好的效果，然而将其推广到非线性的过程却较困难，仅在少数工作中进行了简单的尝试[19-20]。面对复杂的非线性系统，各类人工智能方法考虑系统的动态响应、稳态性能、能量消耗等因素，构建综合的代价函数并进行优化。文献[21]利用粒子群方法优化自抗扰控制器参数。此后，利用相似的优化方法结合的技术进行参数整定，成为一个被广泛讨论的方向[22-24]。文献[25]结合连续动作的强化学习方法，以控制效果为强化学习的目标函数，研究了控制器参数目标的影响，通过强化学习的方法来调整代价函数的概率分布，使得控制参数最优值的概率密度最大，从而完成参数整定。该研究将自抗扰控制器应用于工业机电驱动系统，这种方法可以在较短时间内整定得到性能较高的控制器参数。基于分离原理，控制器参数与观测器参数可以分别设计，因此很多学者将目光集中于扩张状态观测器或者非线性状态误差反馈的分别整定：文献[26]提出了一种利用反向传播神经网络对扩张状态观测器参数进行动态整定的方法，提高了系统的鲁棒性；文献[27]利用多目标优化的方法分别调整了扩张状态观测器、非线性状态误差反馈与控制通道的增益。将经验公式法[28-31]及其他方法[32-36]与工业实际高效结合，为自抗扰控制器应用于推广过程的简化提出了多种独树一帜的方法，进一步丰富了自抗扰控制器参数整定与优化的思路，具有一定的借鉴意义。

稳定性与收敛性是控制器分析与设计研究中关注的基本问题。然而，自抗扰控制器自提出就具有较强的非线性特征，这为其稳定性与收敛性的理论分析带来了极大困难。近年来，线性与非线性的跟踪微分器、扩张状态观测器的收敛性分析有较大进展，同时自抗扰控制器的闭环稳定性也有了一些初步的结果，然而对于复杂控制系统（包括含有时滞、多入多出、离散控制器与连续被控对象组成的混杂系统等）的稳定性分析还有待进一步研究。1994 年，韩京清[10]在介绍非线性跟踪微分器时分析了一般的跟踪微分器的收敛性，但该分析过程只针对常量信号，难以推广。文献[37]详细分析了文献［10］中证明过程难以推广的原因，并给出了一般的非线性跟踪微分器的收敛性证明。针对离散化的控制系统，文献［38］利用双线性变换的方法将连续的高增益观测器进行离散化，给出了其作为数值微分器的收敛性证明。对于扩张状态观测器，文献［39］将目标系统的误差方程及其扩张状态观测器转换为具有小扰动的渐进稳定系统，并且分别证明了线性高增益观测器的收敛性与非线性高增益观测器的弱收敛性，为非线性扩张状态观测器的收敛性提供了重要的理论保证。此后，该工作被进一步推广到对于下三角不确定系统非线性扩张状态观测器[40]、由切换非线性函数构造的观测器[41]的开环系统状态与总扰动的跟踪收敛性。近年来，对于切换非线性扩张状态观测器[42]、自适应扩张状态观测器[43]、多输入多输出系统扩张状态观测器[44]、离散时间非线性扩张状态观测器[45]、扩张状态观测器有限时间收敛性[46-47]与稳定性的分析与理论证明取得了有效进展。对于非线性自抗扰控制器，文献［48］将带有自抗扰控制器的闭环系统的渐进稳定性转化为判断一个矩阵是否为霍尔维茨矩阵的问题；文献［49］通过根轨迹方法、描述函数法和扩展圆准则方法讨论了自抗扰控制器的频域稳定性，根轨迹分析表明，自抗扰控制器中使用的非线性反馈环节的增益可描述为输入变量的函数，并可形成极限环，可以根据该文献中的分析方法调节非线性反馈环节的参数，从而有效抑制极限环。对于离散采样的单入单出非线性自抗扰控制器，基于线性矩阵不等式的绝对稳定性与鲁棒稳定性的充分条件在文献［50］中给出。针对自抗扰控制器的稳定性分析已经取得了一些成果，但是将现有的结果扩展到时滞系统、多输入多输出系统以及更一般的非线性系统等，依然有待进一步研究。

控制性能与抗扰性能是自抗扰控制的核心指标。相较于传统的 PID 控制，自抗扰控制器凭借优秀的扰动抵抗与模型失配弥补能力，在工业界取得一席之地的同时也受到更多学者的关注。有较多的文献从频域的角度分析了利用自抗扰控制器后的闭环系统的绝对稳定性与相对稳定性。利用频域分析法验证自抗扰控制器的稳定性与干扰抑制能力的方法首先在文献 [51] 中得到应用，其通过对比自抗扰控制器与 PID 控制的频域响应，展现了自抗扰控制器在干扰抑制方面的优越性。为探究自抗扰控制器的各个参数对系统闭环性能的影响，文献 [52]、[53] 研究了自抗扰控制器的相位裕度、截止频率与各参数的关系。然而，由于频域分析方法在离散系统中应用困难，目前针对离散系统、MIMO 以及非线性系统的性能分析还较少。

自抗扰控制自诞生至今已超过 20 年，得益于其优秀的抗扰动性能、卓越的控制品质、不依赖于模型的优势，其影响力与日俱增。在关于自抗扰技术的理论研究稳步推进的同时，其在各行各业的应用也得到了积极的探索，如飞行器[54-57]、电力电子行业[58-61]、电机控制[62-68]等。同时，随着网络化控制系统的兴起，事件驱动策略为自抗扰控制带来新的活力与新的挑战。

3.1.2　事件驱动自抗扰控制

近年来，随着计算机与通信技术的发展与革新，网络化控制系统在多个领域得到应用。为了解决无线通信网络中无线传感器、控制器、执行机构的能量限制问题以及信道的带宽限制问题，事件驱动采样控制受到广泛关注[69-74]。

目前常见的数字化控制器以时间驱动控制为主，即采样与控制以固定周期进行。尽管这样的控制方式直观而且实现起来比较简单，但由于要兼顾最好以及最差情况下的系统特性，因此一般会选择尽可能小的采样 – 控制周期，这样所带来的高频率采样 – 控制就不可避免地造成浪费。在网络化控制系统（networked control systems，NCSs）中，很多传感设备、控制设备由独立电源供电，且不同设备之间的通信带宽有限，上述的资源浪费在 NCSs 中变得不可接受。因此，为了节省资源，相对于固定周期的采样控制，事件驱动机制进入了学者的视野。其思想类似于计算机系统中的"中断"概念：只有当系统的信息价值足够高时，才传递传感器信号或更新控制信号，而设计者可以通过实际系统对能源、信道、控制性能的需求来设计事件触发的条件与对应的控制方法。

在事件触发采样控制系统中，常常考虑事件触发条件、状态估计器、事件触发的控制器的设计问题。对于事件触发条件的设计，验证芝诺现象的不存在性是一个重要问题。芝诺现象是指两次触发之间的时间间隔无穷小或者有限时间内的触发次数无穷大。一方面，存在芝诺现象时的控制系统设计是物理不可实现的，因此该情况下的系统收敛性难以保证；另一方面，芝诺现象的存在严重违背了事件触发减少通信和能源消耗的初衷。文献［71］提出了一种基于全状态信息的事件驱动机制，同时证明了其芝诺现象的不存在性；文献［34］通过线性矩阵不等式（linear matrix inequality，LMI）的方法设计事件驱动条件，保证了系统的稳定性和芝诺现象的不存在性。基于分离原理，事件触发控制系统中的状态估计器和控制器可以分别设计。对于事件驱动的状态估计器的设计，主要讨论在给定事件驱动条件下的最优估计问题，采用的方法包括近似最优估计法、约束优化法、方差事件驱动法、随机事件驱动法等。文献［75］分析了理想滤波器渐进收敛的充分条件，并针对有通信延迟的传感器网络设计了一类分布式事件驱动 H_∞ 滤波器；类似的工作在文献［76］中也得到了讨论。文献［77］、［78］讨论了一类随机事件驱动条件下的最优估计问题，给出了最小均方差估计器的形式，并为其性能提供了完善的理论分析。文献［79］对于具有不确定性的非线性系统设计了事件驱动控制策略；文献［80］基于被控非线性系统的动态特性，设计了一类事件驱动控制策略，在该策略中有限增益以及事件间隔时间的严格下界特性均可以得到保证；对于一类时变扰动的非线性系统，文献［81］提出了一种基于系统输出信息的鲁棒事件驱动控制策略，用于保证整个被控系统的工程稳定性。

自抗扰控制以其优越的扰动抑制能力，为事件驱动控制研究注入了新活力。文献［82］通过设计事件触发的采样与扩张状态观测器，实现了事件触发自抗扰的直流力矩电机的位置跟踪。在该文献中，为了量化基于事件的采样与扩张状态观测器的效果，建立了跟踪误差的渐进上界与基于时间的采样器中的参数之间的定量关系。该文献中的仿真结果表明，事件触发自抗扰控制（event – triggered ADRC，ET – ADRC）在极大地减少采样成本的同时，可以实现令人满意的跟踪性能；文献［83］证明了事件触发的自抗扰控制器中芝诺现象的不存在性；文献［84］针对具有模型不确定性的非线性连续时间系统设计了事件触发自抗扰控制器，通过证明事件触发扩张状态观测器误差的渐进有界性，实现了系统的闭环稳定性。上述结果中还给出了当观测器和系统的初值受到一些轻微扰动时观测误差的有界性；针对 NCSs，离散时间系统的事件触发自抗扰控制器在文献 [85] 中被设计并用于直流 – 直流变流器，其实验结果展示了事件触发自抗扰控制器在节省通信资源的同时拥有优秀的抗扰动能力。针对时变非线性系统的事件触发自抗扰控制器也在一些文献中被提出，例如文献 [86] 针对带有时变加性扰动的非线性系统设计了动态的事件触发机制，使得通信与控制效果在时变扰动作用下可以取得较好的折中，该文献的结果表明，通过选择合适的参数，可以使闭环系统全局渐进稳定。现有的事件触发自抗扰控制器大部分以事件触发扩张状态观测器为基础，文献 [87] 中对基于连续状态观测的事件驱动控制器设计与分离形式的事件驱动观测与控制设计进行了尝试。

自抗扰控制发展自工程实际系统中的模型存在不确定性、系统受到扰动等问题，其理论基础在近 20 年发展迅速并被广泛应用于多个领域。随着网络化控制系统的提出和发展，事件触发自抗扰控制成为研究热点，相关技术的提出、理论证明与工程实践正被各领域的研究者积极推动。

|3.2　自抗扰控制技术|

自抗扰控制是一种不基于模型的反馈控制技术，其核心思想就是抗扰动。不同于传统反馈控制方法，自抗扰控制通过估计的手段主动获取外部干扰与内部不确定性的信息，进而对其进行补偿。自 1998 年正式提出[9]以来，自抗扰技术被学者们的广泛关注，产生了大量优秀的理论成果与实践结果。

3.2.1　自抗扰控制器的基本原理

自抗扰控制器的核心思想是将被控制对象视为积分串联型的标准型，而将积分串联型之外的部分视为系统的"总扰动"，并将其视为被控系统的一维扩张状态，通过设计扩张状态观测器，对"总扰动"进行估计与补偿，从而起到抗扰动的作用[87]。

自抗扰控制器主要包含跟踪微分器、扩张状态观测器与非线性反馈控

制律三部分。韩京清在文献［88］中提出，自抗扰控制技术解决了传统
PID 控制所没有解决的几个问题：误差信号产生不合理；误差信号微分在
工程上难以直接获得；比例项、积分项与微分项三者的线性组合不一定为
最优组合。针对这些问题，他提出了设置过渡过程、微分跟随器及非线性
反馈组合等方式。其实，在实际应用中，过渡过程与微分跟随器可以合并
考虑。扩张状态观测器是自抗扰控制器的核心，也是自抗扰控制技术能主
动应对干扰的关键手段。扩张状态观测器以系统的"总扰动"（包含外部
扰动、内部不确定性以及系统的非线性部分）为新的系统状态，并通过扩
张状态观测器对系统状态进行估计，以达到扰动补偿的目的。

考虑一类常见的单输入单输出积分串联系统：

$$
\begin{cases}
\dot{x}_1(t) = x_2(t), \\
\dot{x}_2(t) = x_3(t), \\
\vdots \\
\dot{x}_n = f(t, x_1(t), x_2(t), \cdots, x_n(t), w(t)) + bu(t), \\
y(t) = x_1(t),
\end{cases}
\tag{3.1}
$$

式中，$f(\cdot)$——系统的非线性部分；

$\quad w(t)$——系统外部干扰；

$\quad b$——输入通道增益；

$\quad u(t)$——系统输入。

针对式（3.1）所描述的非线性系统，可定义系统的扩张状态如下：

$$
x_{n+1} = f(t, x_1(t), x_2(t), \cdots, x_n(t), w(t)). \tag{3.2}
$$

针对式（3.1）所描述的非线性系统与式（3.2）所描述的扩张状态，可以
设计扩张状态观测器如下[89]：

$$
\begin{cases}
\dot{\hat{x}}_1(t) = \hat{x}_2(t) + \epsilon^{n-1}(t) g_1\left(\dfrac{y(t) - \hat{x}_1(t)}{\epsilon^n(t)}\right), \\[2mm]
\dot{\hat{x}}_2(t) = \hat{x}_3(t) + \epsilon^{n-2}(t) g_2\left(\dfrac{y(t) - \hat{x}_1(t)}{\epsilon^n(t)}\right), \\[2mm]
\vdots \\
\dot{\hat{x}}_n(t) = \hat{x}_{n+1}(t) + g_n\left(\dfrac{y(t) - \hat{x}_1(t)}{\epsilon^n(t)}\right), \\[2mm]
\dot{\hat{x}}_{n+1}(t) = \dfrac{1}{\epsilon(t)} g_n\left(\dfrac{y(t) - \hat{x}_1(t)}{\epsilon^n(t)}\right),
\end{cases}
\tag{3.3}
$$

式中，$\epsilon(t)$ ——增益函数；

　　$g_i(\cdot)$ ——一类利普希茨函数。

　　式（3.3）所描述的扩张状态观测器性能主要由 $\epsilon(t)$ 与 $g_i(\cdot)$ 决定，具体选择方法可以参考文献［89］。

　　假如考虑参考信号 $v(t)$，那么微分跟随器可以设计如下[37]：

$$\begin{cases} \dot{z}_{1R}(t) = z_{2R}(t), \\ \vdots \\ \dot{z}_{nR}(t) = z_{(n+1)R}(t), \\ \dot{z}_{(n+1)R}(t) = R^n\psi\left(z_{1R}(t) - v(t), \dfrac{z_{2R}(t)}{R}, \cdots, \dfrac{z_{(n+1)R}(t)}{R^n}\right), \end{cases} \tag{3.4}$$

式中，R ——调节参数；

　　$\psi(\cdot)$ ——设计函数，$\psi(0, \cdots, 0) = 0$。

　　因此，可以设计反馈控制律如下：

$$u(t) = \frac{1}{b_0}\left[\rho(\hat{x}(t) - z_R(t)) + z_{(n+1)R}(t) - \hat{x}_{n+1}(t)\right]. \tag{3.5}$$

　　综上所述，式（3.3）~式（3.5）构成了自抗扰控制的基本形式。实际上，在自抗扰控制中，微分跟踪器、扩张状态观测器及反馈控制律的形式并不唯一，三者可以有多种形式[90-93]。

3.2.2　自抗扰控制器的基本特点

1. 采用微分跟随器产生微分信号

　　在工业控制中，很多场景需要被控对象跟踪给定的参考信号，如伺服控制、运动控制等。在传统的 PID 控制器中，微分信号难以直接获得，需要采用近似的方式获取，但经典的微分器存在着较大的"噪声放大"效应。自抗扰控制可通过设计微分跟随器来实现微分信号的快速获取。同时，由于微分跟随器的阶数最小为二阶，在采样间隔足够小时，微分跟随器相较于传统微分器有着更低的噪声放大特性与更好的预测特性。

2. 利用扩张状态观测器估计扰动

　　扩张状态观测器是自抗扰控制器设计的核心。扩张状态观测器的核心思想是将系统中非积分串联标准型的部分都视为系统的"总扰动"，然后通过建立扩张状态来对总扰动进行估计。直观的理解：能够对系统产生影响的部分都可以通过输出来进行观测，进而利用反馈补偿；反之，如果部分扰动不对系统输出造成影响，则尽管无法通过输出进行观测，但往往也不需要对其进行补偿[87]。因此，从原理上来说，采用扩张状态观测器能够应对绝大部分对系统输出造成影响的扰动和不确定性。

3. 具有广泛的应用场景

自抗扰控制不依赖于被控对象的具体模型，因此该技术深受青睐，并在电机控制、运动控制及飞行器控制等领域得到广泛研究。在卫星控制领域中，自抗扰控制器也发挥了巨大的作用。要解决卫星控制问题，就需要控制系统具有高度的鲁棒性和稳定性，并能根据未知的扰动进行相应的补偿。这就需要建立合适的状态观测器。例如，对于带挠性附件的小卫星，我们可以将挠性附件与卫星本体姿态耦合部分视为系统的内扰，采用自抗扰控制技术设计卫星姿态控制率，从而完成对其的实时控制。

|3.3 事件驱动自抗扰控制技术|

3.3.1 事件驱动控制

当前，在控制理论与应用领域，控制系统主要依赖于连续的信号采样与传递。其中，等周期采样最为常见，即每次采样的周期相同，采样得到的信号为等时间间隔的离散信号。一般在两个相邻的时刻点之间，采用零阶保持器来保证信号的连续性。这样的采样方式便于利用现有的采样数据系统理论和采样控制理论来进行分析和设计，易于理解和接受。然而，采用固定周期的采样也有其不足之处。为了保证闭环控制系统的稳定性及获得期望的控制性能，往往将采样周期选取得较小。这就意味着，需要频繁传递信号，以更新采样信号，但这会增加数据传输的负担。特别地，在网络化控制系统中，控制系统的各组件通过通信网络来传递信号，系统的计算通信资源都是有限的，繁复的信号传递为网络化控制系统带来了极大挑战。

事实上，当闭环系统的状态趋于稳定时或者闭环系统处于理想的工作状态下，控制律或者闭环系统采样信号在大多数情况下并不需要频繁地进行更新。由于网络化控制系统中的通信网络带宽和处理器的计算能力是有限的，这时若采样和控制律的更新周期仍然保持不变，将对通信和计算资源造成浪费，还会加速网络化控制系统的元器件损耗，消耗不必要的能源而导致成本增加。事件驱动控制及信号传输策略的提出，能够有效弥补上述问题。并且，事件驱动控制技术能够在非周期采样的情况下，保证控制系统所需性能指标的同时节省通信和计算资源，具有十分重要的实际意义。

事件驱动控制依赖于特定事件的触发，即当预先设置的事件被违反时，执行相应的动作，如控制信号或采样信号的更新等，其基本工作原理如图 3.1 所示。事件既可以是定义的一个变量超过了某个限定值，也可以是在网络控制中的一个数据包到达了某个节点[94]。此外，事件驱动条件的选择直接影响着事件驱动控制策略的成功与否，合适的事件驱动条件能够有效地保证闭环控制系统的稳定性，并避免出现芝诺现象。目前，事件驱动条件主要包括基于常数阈值的触发条件、相对阈值的触发条件。从设计的角度来看，主要包括基于系统状态的触发条件、基于输出的触发条件、周期触发条件、积分型触发条件等。不同形式的触发条件各有优劣，适用的场景也不尽相同。

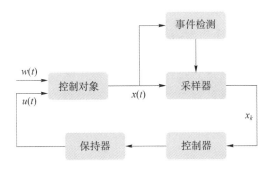

图 3.1　事件驱动控制基本工作原理图

3.3.2　事件驱动自抗扰控制

大部分网络化控制系统在实际应用中往往呈现规模大、耦合强、约束多等综合特点，而且难以精确建模，很容易受到系统内部不确定性及外部干扰的影响。然而，实际的系统很难获取精确的数学模型，这为控制器的设计带来困难。另外，学者们在研究复杂非线性系统时，往往会附加一些苛刻的假设，以便于理论分析，但这些假设往往与实际情况有一定差距。因此，如何克服系统内部不确定性与外部干扰来使其完成既定控制目标，成为非线性系统控制的一大难点。自抗扰控制器不依赖于系统的精确模型，并且能够有效地对系统的"总扰动"进行估计。此外，当控制系统信号传输通过通信网络来完成时，事件驱动控制能够有效地降低系统的通信负担。为此，本节介绍一种事件驱动的自抗扰控制技术。

1. 基于事件驱动采样机制的扩张状态观测器设计

如前所述，扩张状态观测器是自抗扰控制器的核心之一。扩张状态观测器不同于传统的状态观测器的一点，在于它将被控系统中的不确定部分以及外部扰动统一处理为系统的"总扰动"，然后将其表示为系统的一个扩张状态。通过特殊的反馈机制对扩张状态进行观测，能够完成对系统不确定性与外部扰动的估计，从而能够在控制器设计中对其进行补偿。

不同于经典的扩张状态观测器以及高增益观测器，基于事件驱动采样机制的扩张状态观测器（ET-ESO）引入了基于事件的非连续采样机制。在经典扩张状态观测器研究中，由于采样机制的存在，增益参数的设计需要满足其设计范围，以实现对观测器性能的调节。该设计范围与观测器的结构形式与参数选取关系紧密。基于事件驱动采样机制的扩张状态观测器结构如图 3.2 所示。系统到扩张状态观测器的输出测量信号 $y(t)$ 通过事件驱动机制调节，当且仅当事件驱动条件满足的时候才传输信号。接收到的信号通过零阶保持器转换为连续信号。

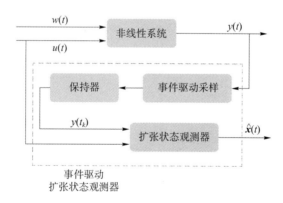

图 3.2　事件驱动扩张状态观测器结构示意图

考虑一类受外部扰动和内部不确定性影响的 n 阶非线性系统：

$$\begin{cases} \dot{x}_1(t) = x_2(t), x_1(t_0) = x_{10}, \\ \dot{x}_2(t) = x_3(t), x_2(t_0) = x_{20}, \\ \quad\vdots \\ \dot{x}_n(t) = f(\boldsymbol{x}(t), t) + u(t) + w(t), x_n(t_0) = x_{n0}, \\ y(t) = x_1(t), \end{cases} \tag{3.6}$$

式中，$\boldsymbol{x}(t)$——系统状态，$\boldsymbol{x}(t) := [x_1(t), x_2(t), \cdots, x_n(t)]^T \in \mathbb{R}^n$，且 $\boldsymbol{x}(t_0) := [x_{10}, x_{20}, \cdots, x_{n0}]^T \in \mathbb{R}^n$ 为对应系统状态的初值；

$w(t)$——外界扰动；

$f(\cdot)$——系统中的非线性不确定性部分，$f: \mathbb{R}^n \times \mathbb{R}_0^+ \to \mathbb{R}$，式中的非线性部分是未知的；

$y(t)$——输出信号，$y \in \mathbb{R}$；

$u(t)$——控制信号，$u \in \mathbb{R}$。

定义扩张状态为

$$x_{n+1}(t) := f(\boldsymbol{x}(t), t) + w(t). \tag{3.7}$$

式（3.6）所描述的系统为具有链式积分形式的非线性系统。可以看到，系统的输入通道和扰动通道都位于最后一行状态中。在实际工程应用中，如果系统相对阶为 1，则都可以刻画为式（3.6）所描述的系统。

定义观测器状态 $\hat{\boldsymbol{x}}(t) = [\hat{x}_1, \hat{x}_2, \cdots, \hat{x}_{n+1}]^T \in \mathbb{R}^{n+1}$ 与观测器状态初值 $\hat{\boldsymbol{x}}(t_0) := [\hat{x}_{10}, \hat{x}_{20}, \cdots, \hat{x}_{(n+1)0}]^T$，则可以设计如下形式的事件驱动扩张状态观测器：

$$\begin{cases} \dot{\hat{x}}_1(t) = \hat{x}_2(t) + \varepsilon^{n-1} g_1\left(\dfrac{\xi(t) - \hat{x}_1(t)}{\varepsilon^n}\right), \hat{x}_1(t_0) = \hat{x}_{10}, \\[2mm] \dot{\hat{x}}_2(t) = \hat{x}_3(t) + \varepsilon^{n-2} g_2\left(\dfrac{\xi(t) - \hat{x}_1(t)}{\varepsilon^n}\right), \hat{x}_2(t_0) = \hat{x}_{20}, \\[1mm] \quad\vdots \\[1mm] \dot{\hat{x}}_n(t) = \hat{x}_{n+1}(t) + g_n\left(\dfrac{\xi(t) - \hat{x}_1(t)}{\varepsilon^n}\right) + u(t), \hat{x}_n(t_0) = \hat{x}_{n0}, \\[2mm] \dot{\hat{x}}_{n+1}(t) = \dfrac{1}{\varepsilon} g_{n+1}\left(\dfrac{\xi(t) - \hat{x}_1(t)}{\varepsilon^n}\right), \hat{x}_{n+1}(t_0) = \hat{x}_{(n+1)0}, \end{cases} \tag{3.8}$$

式中，ε——增益参数；

$g_i(\cdot)$——全局利普希茨函数，其利普希茨常数为 $L_i > 0$；

在式（3.8）中，$\xi(t)$ 定义为

$$\xi(t) = \begin{cases} y(t_k), & r(t) = 0, \\ y(t), & \text{其他,} \end{cases} \tag{3.9}$$

式中，t_k——事件驱动条件的触发时间，k 为在时间段 $[t_0, t)$ 内的总触发次数；

$r(t)$——待设计的事件驱动机制。

说明： 式（3.8）中的增益参数 ε 是扩张状态观测设计中的一个关键参数，直接决定观测器的动态特性。为了保证系统的观测性能，需要将增益参数 ε 设置在（0,1）范围内。如果增益参数设计得充分小，则可以实现对状态的精确观测和对扰动的抑制。

对于事件驱动扩张状态观测器，最关键的部分是事件驱动条件的设计，其直接影响观测器的性能。构建的事件驱动机制如下：

$$r(t) = \begin{cases} 0, & \dfrac{\beta\lambda_2}{\lambda_1\lambda_3}\displaystyle\sum_{i=1}^{n+1} L_i |\sigma(t)| \leqslant E - \dfrac{\beta\lambda_2 M\varepsilon}{\lambda_1\lambda_3}, \\ 1, & \text{其他,} \end{cases} \tag{3.10}$$

式中，$\beta, \lambda_1, \lambda_2, \lambda_3, M$——正常数；

E——阈值参数，$E > 0$；

$\sigma(t)$——定义的采样误差，$\sigma(t) := (y(t_k) - y(t))/\varepsilon^n$。

说明： 基于上述事件驱动条件构建的事件驱动扩张状态观测器中不存在芝诺现象，详细证明过程可见文献 [95]。通过合理配置观测器初值，可以保证在任意时刻下，状态观测误差都满足预先给定指标。与传统扩张状态观测器相比，在保证系统观测精度的前提下，本节所提出的事件驱动扩张状态观测器可以实现对系统通信资源的大幅度降低。

2. 基于事件驱动的自抗扰控制器设计

对于自抗扰控制器来说，事件驱动机制也可应用于控制端。接下来，本节将进一步扩展事件驱动采样机制的应用范围，将扩张状态观测器的观测结果应用于闭环系统的事件驱动控制器设计中，并讨论控制端的事件驱动机制。具体而言，本节将讨论两种事件驱动控制策略：系统控制器输出信号传输受事件驱动采样机制影响的情况；系统输出测量信号和控制器输出信号数据传输均受事件驱动采样机制影响的情况。

首先分析系统控制器输出信号数据传输受事件驱动采样机制影响的情况，图 3.3 所示为其事件驱动自抗扰控制框图。被控系统的动态特性不变，如式（3.6）所示。

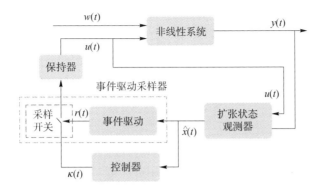

图 3.3　基于连续输出测量值的事件驱动自抗扰控制框图

考虑到系统的全状态信息无法获取，因此需要构建如下扩张状态观测器：

$$
\begin{cases}
\dot{\hat{x}}_1(t) = \hat{x}_2(t) + \varepsilon^{n-1} g_1\left(\dfrac{y(t) - \hat{x}_1(t)}{\varepsilon^n}\right), \\
\quad \vdots \\
\dot{\hat{x}}_n(t) = \hat{x}_{n+1}(t) + g_n\left(\dfrac{y(t) - \hat{x}_1(t)}{\varepsilon^n}\right) + u(t), \\
\dot{\hat{x}}_{n+1}(t) = \dfrac{1}{\varepsilon} g_{n+1}\left(\dfrac{y(t) - \hat{x}_1(t)}{\varepsilon^n}\right),
\end{cases}
\tag{3.11}
$$

式中，$\hat{\boldsymbol{x}} := [\hat{x}_1, \hat{x}_2, \cdots, \hat{x}_{n+1}]^T \in \mathbb{R}^{n+1}$ 为观测器状态；$\hat{\boldsymbol{x}}(t_0) := [\hat{x}_{10}, \hat{x}_{20}, \cdots, \hat{x}_{(n+1)0}]^T \in \mathbb{R}^{n+1}$ 为观测器设定的初值，$\hat{x}_{i0}$ 为常数；$g_i(\cdot)$ 为非线性的利普希茨函数；$\hat{x}_{n+1}$ 为如下扩张状态的观测值：

$$
x_{n+1} := f(\boldsymbol{x}, t) + w. \tag{3.12}
$$

基于上述对于式（3.6）描述的非线性系统，以及式（3.11）描述的扩张状态观测器中动态特性的描述，提出如下形式的事件驱动采样机制：

$$
r(t) = \begin{cases}
0, & \sum\limits_{i=1}^{n} k_i^2 \sigma_i^2(t) + \sigma_{n+1}^2(t) \leqslant M_1 \varepsilon^{\frac{1}{2}}, \\
1, & \text{其他},
\end{cases}
\tag{3.13}
$$

式中，M_1, k_i ——待设计的参数，$M_1 > 0$；

σ_i ——观测状态采样误差。

$$
\sigma_i := \hat{x}_i(t) - \hat{x}_i(t_k), \quad i \in \{1, 2, \cdots, n+1\}, \tag{3.14}
$$

式中，t_k——上一个事件驱动时刻，k 为在时间范围 $[0,t)$ 内的总事件驱动触发次数。

说明：$r(t)$ 的核心思想在于针对采样误差设计一个合适的上界。

基于状态观测值 $\hat{x}(t)$，构建状态反馈控制律 $\kappa(\hat{x}(t))$ 如下形式：

$$\kappa(\hat{x}(t)) = -k_1\hat{x}_1(t) - \cdots - k_n\hat{x}_n(t) - \hat{x}_{n+1}(t). \tag{3.15}$$

为便于描述，令 $\kappa(t) = \kappa(\hat{x}_1(t))$。如图 3.3 所示，控制信号 $\kappa(t)$ 并非连续地传送到被控系统，其传送行为是受到事件驱动条件 $r(t)$ 决定的，即当且仅当 $r(t) = 1$ 时才进行传送。为保证两次时间触发之间的时间段内信号的连续性，采用零阶保持器来对 $\kappa(t)$ 数值进行保持，进而得到

$$u(t) = \kappa(t_k), t \in [t_k, t_{k+1}). \tag{3.16}$$

因此，可以发现式（3.13）中所提出的事件驱动条件 $r(t)$ 为控制信号的采样误差规划了一个上界。

在上述系统和事件驱动采样机制下，所选取的常数满足一定要求时，可以证明系统观测误差的有界性以及式（3.6）所描述系统的状态的稳定性[96]。即对于任意的 $\varepsilon \in (0, \varepsilon^*)$，$x_i$ 与 $\hat{x}_i$ 满足

$$\begin{cases} \limsup_{t\to\infty} |x_i(t) - \hat{x}_i(t)| < \mathcal{O}(\varepsilon^{n+\frac{13}{12}-i}), & i \in \{1, 2, \cdots, n+1\}, \\ \limsup_{t\to\infty} \|\boldsymbol{x}(t)\| \leqslant \mathcal{O}(\varepsilon^{\frac{1}{12}}). \end{cases}$$

$$\tag{3.17}$$

接下来，考虑一类更为普遍的情况，即整体闭环控制系统中的控制器输出信号以及系统输出测量信号都由事件驱动采样机制调节，如图 3.4 所示。

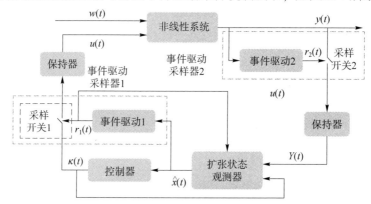

图 3.4　双侧事件驱动采样下的事件驱动自抗扰控制机制

在该系统中，系统的输出测量信号并非直接实时传送到扩张状态观测器中，即

$$\begin{cases} \dot{\hat{x}}_1(t) = \hat{x}_2(t) + \varepsilon^{n-1} g_1\left(\dfrac{Y(t) - \hat{x}_1(t)}{\varepsilon^n}\right), \\ \vdots \\ \dot{\hat{x}}_n(t) = \hat{x}_{n+1}(t) + g_n\left(\dfrac{Y(t) - \hat{x}_1(t)}{\varepsilon^n}\right) + u(t), \\ \dot{\hat{x}}_{n+1}(t) = \dfrac{1}{\varepsilon} g_{n+1}\left(\dfrac{Y(t) - \hat{x}_1(t)}{\varepsilon^n}\right), \end{cases} \qquad (3.18)$$

式中，$Y(t)$ ——前一事件时刻传递的系统输出测量信号的采样值，$Y(t) := y(t_k)$，$t \in [t_k, t_{k+1})$；

$g_i(\cdot)$ ——一组非线性利普希茨函数，其利普希茨参数为 $L_i > 0$。

如图 3.4 所示，事件驱动条件 $r_2(t)$ 决定了系统输出测量信号的传送，即当 $r_2(t) = 1$ 时，$y(t)$ 的值更新到扩张状态观测器中。在此，定义系统输出的采样误差为

$$\eta(t) := \frac{Y(t) - y(t)}{\varepsilon^n}. \qquad (3.19)$$

基于上述描述，提出事件驱动采样机制如下：

$$r_1(t) = \begin{cases} 0, & \displaystyle\sum_{i=1}^{n} k_i^2 \sigma_i^2(t) + \sigma_{n+1}^2(t) \leqslant M_1 \varepsilon^{\frac{1}{2}}, \\ 1, & \text{其他}, \end{cases}$$

以及

$$r_2(t) = \begin{cases} 0, & |\eta(t)|^2 \leqslant M_2 \varepsilon^{\frac{13}{6}}, \\ 1, & \text{其他}. \end{cases}$$

此类情况下，仍可证明得到与式（3.17）同样的结论，即系统观测误差是有界性的、式（3.11）所描述系统的状态是稳定的[96]。

|3.4　小　结|

本章对自抗扰技术和事件驱动自抗扰技术进行了简单介绍，并综述了

当前在自抗扰控制与事件驱动自抗扰控制领域的一些已有的研究成果。可以看到，相较于传统的 PID 控制，自抗扰控制对外部扰动和内部不确定性有着出色的抑制能力。事件驱动自抗扰技术的提出，主要解决在网络化控制系统下自抗扰控制所面临的一些问题，如通信资源有限、采样能力受限等。对事件驱动条件进行合理设计，能够有效提升通信资源的利用率；而且，基于事件的采样有助于提高采样效率，有助于提升控制效果。对于通信卫星来说，采样效率的提高有助于优化对有限星上资源的利用，有助于推动对诸如卫星姿态、天线等的采样控制技术跨越式发展。

| 参考文献 |

［1］ÅRZEN K E. A simple event – based PID controller [J]. Proceedings of IFAC World Congress, 1999, 32（2）：8687 – 8692.

［2］ÅSTROM K J, BERNHARDSSON B. Comparison of periodic and event – based sampling for first order stochastic systems [J]. Proceedings of IFAC World Congress, 1999, 32（2）：5006 – 5011.

［3］MAZO M, TABUADA P. Decentralized event – triggered control over wireless sensor/actuator networks [J]. IEEE Transactions on Automatic Control, 2011, 56（10）：2456 – 2461.

［4］DONKERS M C F, HEEMELS W P M H. Output – based event – triggered control with guaranteed L_∞ – gain and improved and centralized event – triggering [J]. IEEE Transactions on Automatic Control, 2012, 57（6）：1362 – 1376.

［5］BORGERS D P, HEEMELS W P M H. Event – separation properties of event – triggered control systems [J]. IEEE Transactions on Automatic Control, 2014, 59（10）：2644 – 2656.

［6］GHODRAT M, MARQUEZ H. Event – triggered design with guaranteed minimum interevent times and Lp performance [J]. IEEE Transactions on Automatic Control, 2020, 65（4）：1668 – 1675.

［7］GHODRAT M, MARQUEZ H J. On the event – triggered controller design [J]. IEEE Transactions on Automatic Control, 2020, 65（10）：4122 – 4137.

［8］　LIU W, HUANG J. Global robust practical output regulation for nonlinear systems in output feedback form by output – based event – triggered control ［J］. International Journal of Robust and Nonlinear Control, 2019, 29 （6）: 2007 – 2025.

［9］　韩京清. 自抗扰控制器及其应用 ［J］. 控制与决策, 1998, 13 （1）: 19 – 23.

［10］　HAN J Q, WANG W. Nonlinear tracking – differentiator ［J］. Journal of Systems Science and Mathematical Sciences, 1994, 14 （3）: 177 – 183.

［11］　HAN J Q, YUAN L. The discrete form of tracking – differentiator ［J］. Journal of Systems Science and Mathematical Sciences, 1999, 19 （3）: 268 – 273.

［12］　HAN J Q. Nonlinear state error feedback control law —NLSEF ［J］. Control and Decision, 1995, 10 （3）: 221 – 226.

［13］　HAN J Q. The "extended state observer" of a class of uncertain systems ［J］. Control and Decision, 1995, 10 （1）: 85 – 88.

［14］　HAN J Q. Auto – disturbance rejection controller and it's applications ［J］. Control and Decision, 1998, 13 （1）: 19 – 23.

［15］　HAN J Q. Linear and nonlinear in feedback systems ［J］. Control and Decision, 1988, 3 （2）: 27 – 32.

［16］　李杰, 齐晓慧, 万慧, 等. 自抗扰控制 ［J］. 控制理论与应用, 2017 （34）: 295.

［17］　GAO Z Q. Scaling and bandwidth – parameterization based controller tuning ［C］//The American Control Conference, Denver, 2003: 4989 – 4996.

［18］　FU C, TAN W. A new method to tune linear active disturbance rejection ［C］//The American Control Conference, Boston, 2016: 1560 – 1565.

［19］　陈茂胜. 高精度单框架控制力矩陀螺框架伺服系统的设计与研究 ［D］. 北京: 中国科学院大学, 2012.

［20］　WANG J, MO B, ZHU H W. Parameters tuning rules research on nonlinear active disturbance rejection control ［C］//2018 IEEE 3rd Advanced Information Technology, Electronic and Automation Control Conference （IAEAC）, Chongqing, 2018: 495 – 499.

［21］　PENG C, TIAN Y, BAI Y, et al. ADRC trajectory tracking control based on PSO algorithm for a quad – rotor ［C］//2013 IEEE 8th Conference on Industrial

Electronics and Applications (ICIEA), Melbourne, 2013: 800 – 805.

[22] FENG M Y, PAN H. A modified PSO algorithm based on cache replacement algorithm [C]//IEEE 2014 10th International Conference on Computational Intelligence and Security, Kunming, 2014: 558 – 562.

[23] ZHOU G D, ZHANG D L. Improved PSO algorithm – based online optimization design for ADRC controller [C]//International Conference on Computer Science and Service System, Nanjing, 2012: 1798 – 1801.

[24] SINGH S, PANDEY A. Anoval hybrid optimizer: EO – DEPSO [C]// The 15th International Conference on Advances in Recent Technologies in Communication and Computing (ARTCom 2013), Bangalore, 2013: 457 – 462.

[25] WU L, BAO H, DU J L, et al. A learning algorithm for parameters of automatic disturbance rejection controller [J]. Acta Automatica Sinica, 2014, 40 (3): 556 – 560.

[26] QI X H, LI J, HAN S T. Adaptive active disturbance rejection control and its simulation based on BP neutral network [J]. Acta Armamentaril, 2013, 34 (6): 776 – 782.

[27] 马强. 循环流化床锅炉燃烧系统建模与控制系统研究 [D]. 北京: 华北电力大学, 2009.

[28] 韩京清. 自抗扰控制技术: 估计补偿不确定因素的控制技术 [M]. 北京: 国防工业出版社, 2008.

[29] SHAO L W, LIAO X Z, XIA Y Q, et al. Stability analysis and synthesis of third order discrete extended state observer [J]. Information and Control, 2008, 37 (2): 135 – 139.

[30] LI J, QI X H, XIA Y Q, et al. On linear/nonlinear active disturbance rejection switching control [J]. Acta Automatica Sinica, 2016, 42 (2): 202 – 212.

[31] LI J, XIA Y Q, QI X H, et al. On the necessity, scheme, and basis of the linear – nonlinear switching in active disturbance rejection control [J]. IEEE Transactions on Industrial Electronics, 2016, 64 (2): 1425 – 1435.

[32] CHEN G, ZHANG Z J, YANG H Z. Auto disturbance rejection controller based on variable structure [J]. Control and Instruments in Chemical Industry, 2007, 34 (6): 16 – 19.

[33] YANG R G, SUN M W, CHEN Z Q. ADRC – based attitude control optimization and simulation [J]. Journal of System Simulation, 2010, 22 (11): 2689 – 2693.

[34] YANG R G, SUN M W, CHEN Z Q. Active disturbance rejection control on first – order plant [J]. Journal of Systems Engineering and Electronics, 2011, 22 (1): 95 – 102.

[35] YANG R G, SUN M W, CHEN Z Q. Performance analysis of active disturbance rejection control on the first – order – plus – dead – time plant [J]. ICIC Express Letters, 2011, 5 (4): 1249 – 1254.

[36] PU Z Q, YUAN R Y, YI J Q, et al. A class of adaptive extended state observers for nonlinear disturbed systems [J]. IEEE Transactions on Industrial Electronics, 2015, 62 (9): 5858 – 5869.

[37] GUO B Z, ZHAO Z L. On convergence of tracking differentiator [J]. International Journal of Control, 2011, 84 (4): 693 – 701.

[38] DABROOM A M, KHALIL H K. Discrete – time implementation of high – gain observers for numerical differentiation [J]. International Journal of Control, 1999, 72 (17): 1523 – 1537.

[39] GUO B Z, ZHAO Z L. On the convergence of an extended state observer for nonlinear systems with uncertainty [J]. Systems & Control Letters, 2011, 60 (6): 420 – 430.

[40] ZHAO Z L, GUO B Z. Extended state observer for uncertain lower triangular nonlinear systems [J]. Systems & Control Letters, 2015, 85 (2): 100 – 108.

[41] ZHAO Z L, GUO B Z. On convergence of nonlinear extended stated observers with switching function [C]// 2016 35th Chinese Control Conference (CCC), Chengdu, 2016: 664 – 669.

[42] WAN H, QI X H. Convergence and stability analysis of linear/nonlinear switching extended state observer [J]. Information and Control, 2020, 49 (2): 163 – 169.

[43] ZHI C, QIN G. Convergence analysis and application of adaptive extended state observer [J]. Control Theory & Applications, 2018, 35 (11): 1697 – 1702.

[44] WU Z H, HUANG G S, WU C F, et al. On convergence of extended state observer for a class of MIMO uncertain stochastic nonlinear systems [J]. IEEE Access, 2018, 6: 37758 – 37766.

［45］ LI J, XIA Y Q, QI X H, et al. On convergence of the discrete – time nonlinear extended state observer ［J］. Journal of the Franklin Institute, 2018, 355 （1）: 501 – 519.

［46］ WANG H, LEI H, XU Z, et al. Three – dimensional finite time convergence guidance law with extended state observer ［J］. Journal of National University of Defense Technology, 2017, 39 （6）: 88 – 97.

［47］ MA Y W, ZHANG W H. Differential geometric guidance command with finite time convergence using extended state observer ［J］. Journal of Central South University, 2016, 23 （4）: 859 – 868.

［48］ LI J, QI X H, XIA Y Q, et al. On asymptotic stability for nonlinear ADRC based control system with application to the ball – beam problem ［C］//2016 American Control Conference （ACC）, Boston, 2016: 4725 – 4730.

［49］ LI J, QI X H, XIA Y Q, et al. Frequency domain stability analysis of nonlinear active disturbance rejection control system ［J］. ISA Transactions, 2015, 56 （5）: 188 – 195.

［50］ QI X H, LI J, XIA Y Q. On stability for sampled – data nonlinear ADRC – based control system with application to the ball – beam problem ［J］. Journal of the Franklin Institute, 2018, 355 （17）: 8537 – 8553.

［51］ GAO Z Q, HU S H, JIANG F J. A novel motion control design approach based on active disturbance rejection ［C］//The 40th IEEE Conference on Decision and Control, Orlando, 2001: 4877 – 4882.

［52］ 薛文超. 自抗扰控制的理论研究 ［D］. 北京: 中国科学院大学, 2012.

［53］ XUE W C, HUANG Y. On frequency – domain analysis of ADRC for uncertain system ［C］//2013 American Control Conference, Washington, 2013: 6652 – 6657.

［54］ 李兴哲, 王冠凌. 四旋翼飞行器自主悬停的自抗扰控制系统设计 ［J］. 蚌埠学院学报, 2020, 9 （5）: 66 – 70.

［55］ 刘一莎, 杨晟萱, 王伟. 四旋翼飞行器的自抗扰飞行控制方法 ［J］. 控制理论与应用, 2015, 32 （10）: 1351 – 1360.

［56］ 刘宝莹, 李明秋, 杨俊威. 基于改进型自抗扰的四旋翼飞行器姿态控制 ［J］. 指挥控制与仿真, 2021, 43 （2）: 98 – 102.

［57］ 娄鹏, 宋剑桥, 殷佩舞, 等. 基于自抗扰反步法的高空飞行器动力电

机控制率设计 [J]. 微特电机，2020，48（10）：51 – 53.

[58] 张刚，雷勇，李永凯，等. 基于线性自抗扰技术的 SMES 储能变流器控制策略 [J]. 电力建设，2020，41（11）：78 – 86.

[59] 马明，廖鹏，蔡雨希，等. LCL 并网逆变器的自抗扰控制策略 [J]. 高电压技术，2021，47（6）：2223 – 2231.

[60] 陈磊，李权元，郝宝平，等. 基于改进型自抗扰控制器的独立微电网系统频率扰动抑制策略 [J]. 上海电气技术，2020，13（3）：15 – 19.

[61] 黄焕袍，武利强，高峰，等. 自抗扰控制在火电厂主汽温控制中的应用 [J]. 系统仿真学报，2005（1）：241 – 244.

[62] 王炫予，杨志军，彭皓，等. 基于直线音圈电机运动平台的线性自抗扰控制研究 [J]. 机床与液压，2020，48（19）：27 – 30.

[63] 冯光，黄立培，朱东起. 异步电机的新型非线性自抗扰控制器的研究 [J]. 清华大学学报（自然科学版），1999（3）：3 – 5.

[64] 冯光，黄立培，朱东起. 采用自抗扰控制器的高性能异步电机调速系统 [J]. 中国电机工程学报，2001（10）：56 – 59.

[65] 夏长亮，李正军，杨荣，等. 基于自抗扰控制器的无刷直流电机控制系统 [J]. 中国电机工程学报，2005（2）：85 – 89.

[66] 孙凯，许镇琳，邹积勇. 基于自抗扰控制器的永磁同步电机无位置传感器矢量控制系统 [J]. 中国电机工程学报，2007（3）：18 – 22.

[67] 孙凯，许镇琳，盖廓，等. 基于自抗扰控制器的永磁同步电机位置伺服系统 [J]. 中国电机工程学报，2007（15）：43 – 46.

[68] 陈再发，刘彦呈，庄绪州. 基于自抗扰控制的船舶永磁电机无位置传感器混合控制 [J]. 电机与控制应用，2020，47（10）：24 – 32.

[69] LIU T F, JIANG Z P. A small – gain approach to robust event – triggered control of nonlinear systems [J]. IEEE Transactions on Automatic Control, 2015, 60（8）：2072 – 2085.

[70] LIU T F, JIANG Z P. Event – based control of nonlinear systems with partial state and output feedback [J]. Automatica, 2015, 53：10 – 22.

[71] TABUADA P. Event – triggered real – time scheduling of stabilizing control tasks [J]. IEEE Transactions on Automatic Control, 2007, 52（9）：1680 – 1685.

[72] LUNZE J, LEHMANN D. A state – feedback approach to event – based control [J]. Automatica, 2010, 46（1）：211 – 215.

［73］ ANTA A, TABUADA P. To sample or not to sample：Self – triggered control for nonlinear systems ［J］. IEEE Transactions on Automatic Control, 2010, 55 （9）：2030 – 2042.

［74］ JIA P, HAO F, YU H. Function observer – based event – triggered control for linear systems with guaranteed l_∞ – gain ［J］. IEEE/CAA Journal of Automatica Sinica, 2015, 2 （4）：394 – 402.

［75］ GE X H, HAN Q L. Distributed event – triggered H_∞ filtering over sensor networks with communication delays ［J］. Information Sciences, 2015, 291：128 – 142.

［76］ ZHANG X M, HAN Q L. Event – based H_∞ filtering for sampled – data systems ［J］. Automatica, 2015, 51：55 – 69.

［77］ HAN D, MO Y L, WU J F, et al. Stochastic event – triggered sensor scheduling for remote state estimation ［C］//The 52nd IEEE Conference on Decision and Control, 2013：6079 – 6084.

［78］ HAN D, MO Y L, WU J F, et al. Stochastic event – triggered sensor schedule for remote state estimation ［J］. IEEE Transactions on Automatic Control, 2015, 60 （10）：2661 – 2675.

［79］ LIU T F, JIANG Z P. A small – gain approach to robust event – triggered control of nonlinear systems ［J］. IEEE Transactions on Automatic Control, 2015, 60 （8）：2072 – 2085.

［80］ DOLK V S, BORGERS D P, HEEMELS W P M H. Output – based and decentralized dynamic event triggered control with guaranteed p – gain performance and zeno – freeness ［J］. IEEE Transactions on Automatic Control, 2017, 62 （1）：34 – 49

［81］ YANG J, SUN J K, ZHENG W X, et al. Periodic event – triggered robust output feedback control for nonlinear uncertain systems with time – varying disturbance ［J］. Automatica, 2018, 94：324 – 333.

［82］ SHI D W, XUE J, ZHAO L X, et al. Event – triggered active disturbance rejection control of DC torque motors ［C］//IEEE/ASME Transactions on Mechatronics, 2017, 5：2277 – 2287.

［83］ LI D D, ZUO Z Q, WANG Y J. Event – triggered active disturbance rejection control for nonlinear stochastic systems ［C］// 2017 11th Asian Control Conference （ASCC）, 2018 ：1813 – 1817.

［84］ HUANG Y, WANG J Z, SHI D W, et al. Event – triggered sampled – data control: An active disturbance rejection approach ［J］. IEEE/ASME Transactions on Mechatronics, 2019, 24（5）: 2052 – 5063.

［85］ SUN J K, YANG J, LI S H, et al. Sampled – data – based event – triggered active disturbance rejection control for disturbed systems in networked environment ［J］. IEEE Transactions on Cybernetics, 2019, 49（2）: 556 – 566.

［86］ SUN J K, YANG J, LI S H, et al. Output – based dynamic event – triggered mechanisms for disturbance rejection control of networked nonlinear systems ［J］. IEEE Transactions on Cybernetics, 2018, 50（5）: 1978 – 1988.

［87］ 黄一, 薛文超. 自抗扰控制: 思想、应用及理论分析 ［J］. 系统科学与数学, 2012, 32（10）: 1287 – 1307.

［88］ 韩京清. 从 PID 技术到"自抗扰控制"技术 ［J］. 控制工程, 2002（3）: 13 – 18.

［89］ ZHAO Z L, GUO B Z. On Convergence of nonlinear active disturbance rejection control for SISO nonlinear systems ［J］. Journal of Dynamical and Control Systems, 2016, 22（2）: 385 – 412.

［90］ 韩京清. 自抗扰控制技术 ［J］. 前沿科学, 2007（1）: 24 – 31.

［91］ HUANG Y, XUE W C. Active disturbance rejection control: Methodology and theoretical analysis ［J］. ISA Transactions, 2014, 53（4）: 963 – 976.

［92］ ZHENG Q, GAO Z. Active disturbance rejection control: some recent experimental and industrial case studies ［J］. Control Theory and Technology, 2018, 16（4）: 301 – 313.

［93］ GUO B Z, ZHAO Z L. On convergence of the nonlinear active disturbance rejection control for MIMO systems ［J］. SIAM Journal on Control and Optimization, 2013, 51（2）: 1727 – 1757.

［94］ 熊瑛. 事件驱动控制及其应用研究 ［D］. 北京: 华北电力大学, 2014.

［95］ 黄元. 非线性网络化系统中事件驱动抗扰控制研究 ［D］. 北京: 北京理工大学, 2020.

［96］ HUANG Y, WANG J Z, SHI D W, et al. Toward event – triggered extended state observer ［J］. IEEE Transactions on Automatic Control, 2018, 63（6）: 1842 – 1849.

第 4 章

事件驱动模型预测控制技术概述

|4.1 引 言|

  运行在不同轨道的通信卫星由于不同的任务需求以及多样化的平台设计，在控制系统设计中往往需要考虑不同的约束，以保证卫星的控制性能。模型预测控制（model predictive control，MPC）起源于工业过程控制领域[1-2]，其最大优势在于处理系统在复杂约束下的优化控制问题，而鲁棒MPC、随机MPC等技术的出现为其处理实际系统中的未知扰动与不确定性提供了有效手段。模型预测控制的应用领域广泛[3-7]，在航空航天领域（如飞行器控制[8]与卫星姿态控制[9]）也得到了一定关注。本节主要针对模型预测控制技术和事件驱动模型预测控制技术的研究背景和技术方法进行介绍，并简要讨论相关研究的进展情况。

4.1.1 模型预测控制

  工程系统中常常存在约束，如执行器饱和、机械位置、电气性能、动力学约束等。传统的控制方法难以有效应对形式复杂的系统约束，尽管有一些针对性的尝试，如基于线性矩阵不等式的鲁棒控制与 anti-windup 等方法，但是难以推广和应用，因此 MPC 以优秀的约束处理能力受到关注。早期 MPC 的思想源于多种相似的控制策略，包括动态矩阵控制、广义预测控制等。文献［10］提出了基于渐进稳定线性系统的脉冲响应，通过求解受约束的优化问题来获得最优控制率，该方法概念直观、易于调节。动态矩阵控制[11]针对可在稳态工作点处近似线性化的弱非线性系统，通过在线求解约束优化问题得到了满足需求的控制律。文献［12］提出了广义预测控制算法，该方法是一种自适应的预测控制方法，用参数模型替代了非参数化模型，减少了计算量。

近年来，为了更好地处理实际系统中的扰动、不确定性以及网络化控制发展所带来的新问题，鲁棒模型预测控制（robust model predictive control，RMPC）、随机模型预测控制（stochastic model predictive control，SMPC）、分布式模型预测控制（distributed model predictive control，DMPC）得到快速发展和完善。为了区分针对理想的系统和模型设计的控制器，下文用标称模型预测控制（nominal model predictive control，N‑MPC）区分其与考虑扰动和不确定性情况下的 MPC。

RMPC 的提出是为了使得控制器在模型带有不确定性以及系统受到外部扰动时具有一定的鲁棒性。文献［13］利用压缩映射定理进行分析，得到了 MPC 鲁棒稳定的充分条件，但这些条件难以检验，为此该文献还给出了几条易于检验的使得 MPC 鲁棒稳定的必要条件。RMPC 的早期工作开始于 Campo 和 Morari 在 1987 年提出的最小‑最大 RMPC[14]，其中针对成本函数最坏的情况进行了设计。该方法在文献［15］、［16］中得到进一步发展，并在文献［17］中被推广到基于参数空间的时变和时不变的状态空间模型，该文献中假设模型参数位于一个高维椭球体或多面体内。文献［18］将文献［19］中对标称系统设计的控制器推广到了多个受约束的线性系统，并根据李雅普诺夫方法证明了该方法的鲁棒稳定性。利用文献［20］中开发的线性矩阵不等式技术，N‑MPC 中终端不变集的概念在文献［21］、［22］中被推广为鲁棒终端不变集，这为 RMPC 的求解带来极大的方便。针对最小‑最大 RMPC 中可能存在的最佳控制动作过于保守或者不存在的情况，文献［23］~［26］开发了基于管道的 MPC，管道 MPC 通过使用部分可分离的反馈控制律参数化方法，可以更方便地处理系统不确定性与系统动力学约束和性能要求的相互作用，同时略微减少了在计算过程中对状态维数的限制[27]。

上述 RMPC 依赖于系统的不确定性有相对确定的描述形式，然而在现实的工业系统中，不确定性经常是随机的，为此 SMPC 将利用概率描述的不确定性系统地整合到了优化控制问题中。在 SMPC 中，状态/输入的约束不再是确定性的约束，而是要求状态/输入的约束至少要满足先验的概率水平。换言之，相较于一般 MPC 中对状态和输入的约束，SMPC 中允许状态和输入以一定概率违反这些约束[28-31]，这种约束的描述被称为机会约束（chance constraint）。SMPC 使得系统可以在实现控制目标和满足机会约束之间寻求平衡。SMPC 的思想来自随机规划（stochastic programming）和机会受限优化（chance - constrained optimization）[32-33]，文献 [28]、[29]、[34]、[35] 中开拓性地提出了随即优化控制。大多数 SMPC 被设计用于线性系统的控制。例如：基于随机管道[36]和仿射变换的 SMPC 被广泛应用于过程控制[37-39]；机器人和车辆的路径规划[40-42]；电信网络系统控制[43]和网络化控制系统[44]。一些 SMPC 也已被用于非线性系统，包括基于随机规划的方法[45-47]和基于蒙特卡洛采样的方法[48-49]被应用于微电网[50]、运筹学与财务管理[51]、汽车行业[52]。

自 20 世纪 90 年代末期开始，分布式模型预测控制逐渐成为研究热点[53-54]。然而，DMPC 的应用场景为复杂的大型系统，统一的 DMPC 的通用方法尚未提出。取而代之，研究者针对特定类别大型系统的 DMPC 进行了大量研究，这些方法中的每一种都是为控制特定类别的系统而量身定制的。随着通信技术与计算机处理能力的发展，这方面约束的减少使得 DMPC 能解决的问题的规模随之增加，这激发了 DMPC 的研究者对越来越大的系统进行控制的雄心，其中包括许多关键的社会基础设施[55]，如城市交通[56]、水[57]、电[58-59]、后勤供给[60]、供应链管理[61-63]。鉴于 DMPC 所面对系统的复杂性以及所用方法的多样性，本章难以对其详细描述，相关内容可以参考文献 [64] ~ [66]。文献 [64] 详细调查了全世界范围内 30 多个主要的 DMPC 研究小组的工作，在一个统一的框架内用标准化的方式描述了各个研究研究小组中 35 种不同的 DMPC 方法，并根据几个特征对这些方法进行了分析，包括研究的相对盲点、所采用的动力学模型的类型等。文献 [64] 详细调查了世界上 30 多个主要的 DMPC 研究小组的工作，在一个统一的框架内用标准化的方式描述了各小组研究的不同 DMPC 方法，并根据不同特征对这些方法进行分类整理和分析，以概述不同方案之间的区别和联系。文献 [65] 通过对前述 35 个方案中最经常出现的功能和最不常出现的功能进行了深入分析，一方面利用最常出现的功能分析 DMPC 的本质原理和作用，另一方面利用不常出现的功能分析了 DMPC 在未来的可能方向，指出 DMPC 在与其他领域的交叉中可能取得丰硕的成果，包括环境决策[66-67]、物联网技术[68]、信息物理系统[69]、面向系统的系统（systems of systems）和多主体系统[70-71]，无线通信和网络安全[72]。

　　在分布式模型预测控制中，不同个体间的通信资源、分布式传感器、控制器和执行机构的能量资源与计算资源成为需要考虑的重要因素。为解决这些问题，事件驱动模型预测控制成为一个被广泛关注的问题。

4.1.2　事件驱动模型预测控制技术

　　随着无线通信技术与计算技术的快速发展，网络化控制系统的发展为各种控制策略带来新的问题和挑战。对于网络化控制系统，有限的通信带宽、计算资源与能源是不可避免的约束，而方便地处理各类复杂约束是模型预测控制的一大优势，然而在线求解优化问题对计算资源以及通信资源提出了更高的要求。为此，事件触发模型预测控制（event – triggered model predictive control，ET – MPC）得到广泛关注和快速发展，因为事件触发策略可以有效减少需要求解优化问题的次数。

　　事件触发策略的设计是 ET – MPC 的首要问题。近年来，研究者们设计了多种事件触发器，并致力于研究事件触发机制与可行性、稳定性的关系。文献［73］设计了一种事件触发策略，其根据系统状态和现有的对状态的预测来唤醒控制器，从而节省无线传感器网络的能量；文献［74］设计了一个包含状态估计值及其误差的矢量，这一矢量一旦超出触发集就会触发，从而进行下一次的预测 – 反馈；在文献［75］中 RMPC 的基础上，文献［76］设计了基于事件的估计方法；文献［77］针对离散时间非线性系统，将系统状态误差量化为多个区域，并在系统状态误差从一个区域到达另一个区域时触发模型预测控制；基于输入到状态稳定性的事件触发策略在文献［78］、［79］中被提出，并被应用于离散时间非线性系统的 MPC；在没有扰动的情况下，文献［80］、［81］对 ET – MPC 的稳定性进行了分析，而文献［82］~［86］对系统在受到扰动影响下的闭环稳定性进行分析，并给出了结果。文献［83］设计了一个新型的事件触发机制：仅当系统状态与最佳预测之间的误差达到触发阈值时才解决一次优化问题，并且通过对触发阈值的设计保证了这一过程中不存在芝诺现象。该文献严谨地分析了 ET – MPC 的可行性和闭环系统的稳定性，并提供了保证优化问题可行和闭环系统稳定的充分条件。该文献指出，可行性取决于预测时窗长度、扰动的界，与此同时，闭环系统的稳定性取决于预测时窗长度、扰动的界和触发阈值。在最小 – 最大 RMPC 的框架下，文献［87］提出了一种受到约束和扰动的非线性系统的鲁棒自触发机制。

上述方法是针对较为简单的网络化控制系统中 ET – MPC 的设计，与之相比，大型系统的事件触发的分散式和分布式 MPC 受到的关注较少，尽管事实上大型系统面临的通信和计算压力更大。文献［88］为稳定的离散时间线性系统设计了一种分散式的 ET – MPC；文献［89］为解耦了的离散时间非线性系统开发了两种分散式 ET – MPC，其中每个子系统中控制器的事件触发条件仅根据本地的状态和信息进行设计；在文献［90］中，一种针对解耦的连续时间非线性系统的分布式周期事件触发方案被提出，在该方法中需要以固定周期检测触发规则是否被满足。可以注意到，上述结果主要用于解耦的系统，并且大部分工作中的事件触发条件是对分散式ET – MPC而非分布式 ET – MPC 进行设计的。然而在实际的工业系统中，耦合系统中的分布式控制不可避免地遇到不同子系统之间的互相干扰。为此，文献［91］研究了耦合非线性系统事件触发分布式 MPC。该文献中提出的方法对每个子系统施加了基于假设状态和预测状态之间误差的约束，同时利用每个子系统本身和其邻居子系统的信息设计了事件触发条件；该文献进一步说明了在上述设计下，不同的子系统之间的耦合干扰是有界的，并且事件触发存在最小间隔，使得优化问题迭代可行且闭环系统稳定的充分条件也在该工作中提出。

模型预测控制源于实际工业系统需要在处理复杂扰动的同时达到相对优化的控制性能的需求，随着 RMPC、SMPC 和 DMPC 的出现，MPC 的应用范围所涵盖的不同类型的系统越来越多。在网络化控制快速发展的今天，ET – MPC 为解决 MPC 对计算资源和通信资源要求较高的问题提供了高效的解决方案。

4.2 模型预测控制技术

4.2.1 模型预测控制的基本原理

模型预测控制是一类基于模型与优化的控制算法，其一般过程可以简述为：在每一个采样时刻，根据获得的当前系统状态或测量信息，在线求解一个有限时域的优化问题，并将得到的控制序列中的第一个元素作用于被控对象，在下一个采样时刻重复上述过程[92]。由于模型预测控制在每个采样时刻都进行优化，因此又被称为滚动时域控制，这也是其与传统最优化控制最主要的区别。图 4.1 所示为模型预测控制的基本原理。

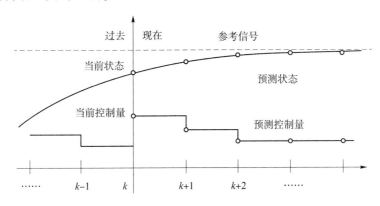

过去　现在　　　　参考信号

当前状态　　　　　　　　预测状态

当前控制量　　　　　　　预测控制量

⋯⋯　　$k-1$　　k　　　$k+1$　　$k+2$　　⋯⋯

图 4.1　模型预测控制的基本原理

模型预测控制算法的基本步骤可以简单地分为预测、优化和控制。预测，即通过建立的系统模型，对未来有限时间内的系统状态进行预测；优化指通过求解优化问题，获得使未来有限时间内系统指标最优（如误差最小）的控制序列；控制即将求解到的优化序列中的第一个元素作为当前时刻的控制量应用于系统，然后等到下一时刻，重新求解新的优化问题。接下来，通过公式对模型预测控制的基本原理进行说明。

考虑一类广义的非线性系统模型[92]：

$$\begin{cases} \boldsymbol{x}(k+1) = f(\boldsymbol{x}(k),\boldsymbol{u}(k)),\boldsymbol{x}(0) = \boldsymbol{x}_0, \\ \boldsymbol{y}(k) = h(\boldsymbol{x}(k),\boldsymbol{u}(k)), \end{cases} \quad (4.1)$$

式中，$\boldsymbol{x}(k)$ —— k 时刻的系统状态，$\boldsymbol{x}(k) \in \mathbb{R}^n$；

$\boldsymbol{u}(k)$ —— 控制输入，$\boldsymbol{u}(k) \in \mathbb{R}^l$；

$\boldsymbol{y}(k)$ —— 系统输出，$\boldsymbol{y}(k) \in \mathbb{R}^q$。

基于式（4.1）所描述的模型，可以根据 k 时刻的状态以及未来的控制输入来预测系统未来有限时间段内的系统输出，记为

$$\{\boldsymbol{y}_p(k+1|k),\boldsymbol{y}_p(k+2|k),\cdots,\boldsymbol{y}_p(k+p|k)\}, \quad (4.2)$$

式中，p —— 预测的步长（即预测时域）；

$\boldsymbol{y}_p(k+i|k)$ —— 在 k 时刻预测得到的未来输出，$i = 1,2,\cdots,p$。

控制目标是使系统输出 $\boldsymbol{y}(\cdot)$ 跟踪给定的参考信号：

$$\{\boldsymbol{r}(k+1),\boldsymbol{r}(k+2),\cdots,\boldsymbol{r}(k+p)\}, \quad (4.3)$$

并且系统的输入输出满足约束：

$$\begin{cases} \boldsymbol{u}_{\min} \leqslant \boldsymbol{u}(k+i\,|\,k) \leqslant \boldsymbol{u}_{\max}, & i \geqslant 0,1,\cdots,p-1, \\ \boldsymbol{y}_{\min} \leqslant \boldsymbol{y}(k+i\,|\,k) \leqslant \boldsymbol{y}_{\max}, & i \geqslant 1,2,\cdots,p. \end{cases} \quad (4.4)$$

优化的目的就是寻找最优控制输入使系统的预测输出最接近其期望输出。预测时域内的控制输入 $\boldsymbol{U}_k$ 可以定义为

$$\boldsymbol{U}_k := \{\boldsymbol{u}(k\,|\,k), \boldsymbol{u}(k+1\,|\,k), \cdots, \boldsymbol{u}(k+p-1\,|\,k)\}, \quad (4.5)$$

式中，控制输入 $\boldsymbol{U}_k$ 就是要求解的优化问题的独立变量。

假设优化的目标函数设为

$$\min_{\boldsymbol{U}_k} J(\boldsymbol{y}(k), \boldsymbol{U}_k) = \sum_{i=k+1}^{k+p} (\boldsymbol{r}(i) - \boldsymbol{y}_p(i\,|\,k))^2. \quad (4.6)$$

式（4.6）所描述的目标函数旨在寻找一组控制输入 $\boldsymbol{U}_k$，使得系统输出与参考输出之间的误差平方最小。若优化问题有解，并记 k 时刻的优化解为

$$\boldsymbol{U}_k^* = \{\boldsymbol{u}^*(k\,|\,k), \boldsymbol{u}^*(k+1\,|\,k), \cdots, \boldsymbol{u}^*(k+p-1\,|\,k)\}, \quad (4.7)$$

式中，$\boldsymbol{U}_k^*$ 满足：

$$\boldsymbol{U}_k^*(\boldsymbol{y}(k)) = \arg\min_{\boldsymbol{U}_k} J(\boldsymbol{y}(k), \boldsymbol{U}_k). \quad (4.8)$$

在求解得到 $\boldsymbol{U}_k^*$ 后，$\boldsymbol{U}_k^*$ 中包含了从 k 时刻开始的 p 个控制输入。只将控制序列 $\boldsymbol{U}_k^*$ 的第一个元素 $\boldsymbol{u}^*(k\,|\,k)$ 作用于系统，并且在 $k+1$ 时刻，以新得到的测量值 $\boldsymbol{y}(k+1)$ 为初始条件重新预测系统未来的输出并求解优化问题。

这里需要说明的是，考虑到外部干扰与模型失配等因素，MPC 所预测的系统状态与实际状态之间存在偏差，如果将优化问题求解得到的控制量全部应用于未来一段时间，则无法处理模型不确定性和外部干扰所导致的误差，就可能导致系统失稳。模型预测控制所构建的优化问题往往采用数值的方法求解，所计算得到的控制量仅在有限时域内有效。为了及时地更新测量信息，以应对后续控制系统中的不确定性，模型预测控制器采用滚动时域的方法，重复进行优化。如图 4.1 所示，预测时域固定不变，随着时间的前移，预测时域也随之前移。同时，为了提高优化问题的求解速度，也可以引入控制时域的概念。控制时域往往所取的范围要小于预测时域，从而能提高优化的速度，但这同时会降低优化的自由度。

4.2.2　模型预测控制的基本特点

1. 基于模型的预测

系统模型主要是动态模型，用于根据当前的状态在给定未来输入量的

情况下，预测未来一段时间内的输出[93]。常见的模型包括系统的状态空间模型、传递函数模型、模糊模型等。在实际工程应用中，常采用系统的阶跃响应模型或者脉冲相应模型。近年来，随着神经网络技术的发展，也出现了人工神经网络模型。

2. 滚动优化

模型预测控制的核心特点就是滚动优化。考虑到模型的不确定性与外部干扰所带来的影响，一段时间只进行一次优化难以应对突发状况，容易导致控制系统失稳。滚动优化能够很好地解决这个问题。在每次采样时刻，滚动优化都会根据测量值重新进行优化，虽然这样得到的解只能是全局的次优解，但是能够兼顾模型失配与外部干扰对系统的影响。

3. 反馈修正

模型预测控制求解的是一个开环优化问题，并将优化得到的控制序列第一个分量作用于系统。定义 k 时刻的控制量为

$$u(k) := u^*(k \mid k), \tag{4.9}$$

优化问题的初始条件是当前时刻的测量值 $y(k)$，因此其解是当前测量值的函数，即 $u(k) = f_u(y(k))$。由此可见，模型预测控制是反馈控制。因此，对模型施加反馈修正，使预测控制具有很强的抗扰动以及克服系统不确定性的能力[94]。

4.2.3　模型预测控制与传统 PID 控制的比较

模型预测控制与传统 PID 控制方法的主要区别包含以下三点：

（1）模型预测控制能够处理多输入多输出的系统。相较于传统 PID 控制器，在应对多输入多输出系统时，模型预测控制器可避免因设置多个 PID 控制器所导致的参数整定难的问题。

（2）模型预测控制可以处理约束。模型预测控制可以将系统的状态约束与控制约束显示表达在优化问题中，通过求解带约束的二次规划问题解决系统约束问题。

（3）模型预测控制的滚动优化机制。滚动优化确定当前的控制策略，使未来一段时间内被控变量与期望值偏差最小[95]。

|4.3 事件驱动模型预测控制技术|

4.3.1 事件驱动模型预测控制的基本原理

基本的模型预测控制需要在线求解优化问题，为了满足求解优化问题的实时性需求，必须将预测时域 N 设置为有限的。事件驱动模型预测控制是指在有限的预测时域内并且可以保证模型预测算法可行性的前提下，根据系统的控制需求设计一个合适的事件驱动条件，使得仅在事件驱动条件满足时求解新的优化问题。虽然事件驱动模型预测控制不一定能够达到最优的控制性能，但其能够保证一定的次优性能以及闭环系统的稳定性，从而大大节省系统的通信资源和能量消耗[96]。

接下来，对事件驱动模型预测控制的基本原理进行介绍。考虑一个线性系统：

$$\dot{\boldsymbol{x}}(t) = \boldsymbol{A}\boldsymbol{x}(t) + \boldsymbol{B}\boldsymbol{u}(t) , t \geq 0 , \tag{4.10}$$

式中，$\boldsymbol{x}(t)$ ——系统状态，$\boldsymbol{x}(t) \in \mathbb{R}^n$，满足系统的状态约束 $\boldsymbol{x}(t) \in \mathcal{X}$；

$\boldsymbol{u}(t)$ ——控制输入，$\boldsymbol{u}(t) \in \mathbb{R}^m$，满足控制输入约束 $\boldsymbol{u}(t) \in \mathcal{U}$；

$\boldsymbol{A}, \boldsymbol{B}$ ——系统的状态矩阵、控制矩阵。

针对式（4.10）所描述的系统，模型预测控制可以表示为

$$\min_{\{u_{0|k}, u_{1|k}, \cdots\}} \sum_{i=0}^{N-1} (\| \boldsymbol{x}_{i|k} \|_{\boldsymbol{Q}}^2 + \| \boldsymbol{u}_{i|k} \|_{\boldsymbol{R}}^2) + \sum_{i=N}^{\infty} (\| \boldsymbol{x}_{i|k} \|_{\boldsymbol{Q}}^2 + \| \boldsymbol{u}_{i|k} \|_{\boldsymbol{R}}^2) , \tag{4.11}$$

$$\text{s. t. } \boldsymbol{x}_{i+1|k} = \boldsymbol{A}\boldsymbol{x}_{i|k} + \boldsymbol{B}\boldsymbol{u}_{i|k},$$

$$\boldsymbol{x}_{i|k} \in \mathcal{X},$$

$$\boldsymbol{u}_{i|k} \in \mathcal{U}, i = 0, 1, \cdots, N-1,$$

$$\boldsymbol{u}_{i|k} = \boldsymbol{K}\boldsymbol{x}_{i|k} \in \mathcal{U}, i = N, N+1, \cdots, \infty,$$

式中，$\boldsymbol{Q}, \boldsymbol{R}$ ——正定的权值矩阵；

$(i|k)$ ——代表在当前时刻 k 预测 i 步的输出；

$\boldsymbol{K}$ ——反馈增益矩阵。

式（4.11）包含两部分，第一部分为有限时域内的优化目标，第二部分为系统的终端约束。引入状态反馈控制率 $\boldsymbol{u}_{i|k} = \boldsymbol{K}\boldsymbol{x}_{i|k}$ 的目的是保证预测

状态的有界性。因此可以将式（4.11）的后半部分转换为求解无约束的 LQR 问题，引入只与初始状态相关的 x_k，求解控制不变集 Ω：

$$x_k \in \Omega, \Rightarrow \begin{cases} x_{k+1} = f(x_k, u_k) \in \Omega, \\ x_{k+1} \in \mathcal{X}, \\ u_k = Kx_k \in \mathcal{U}. \end{cases} \tag{4.12}$$

当 x_k 属于这个集合之后，就可以运用满足约束的状态反馈控制率，使将来时刻状态都保持在控制不变集内。因此，式（4.12）又可以表示为如下形式：

$$\min_{\{u_{0|k}, u_{1|k}, \cdots\}} \sum_{i=0}^{N-1} \|x_{i|k}\|_Q^2 + \|u_{i|k}\|_R^2 + \|x_{N|k}\|_P^2, \tag{4.13}$$

$$\text{s. t. } x_{i+1|k} = Ax_{i|k} + Bu_{i|k},$$

$$x_{i|k} \in \mathcal{X}, i = 0, 1, \cdots, N-1,$$

$$u_{i|k} \in \mathcal{U}, i = 0, 1, \cdots, N-1,$$

$$x_{N|k} \in \Omega,$$

式中，P—— 正定的权值矩阵。

模型预测控制只需预测 N 步，第 N 步预测时系统的状态处于一个终端不变集内，从而保证了算法在 $k+1$ 时刻也有可行解，验证了迭代算法的可行性。对于非线性系统，只需要将 $x_{i+1|k} = Ax_{i|k} + Bu_{i|k}$ 替换为相应的非线性系统 $x_{i+1|k} = f(x_{i|k}, u_{i|k})$ 模型，就可以得到相应的非线性模型预测控制[97]。

4.3.2　事件驱动模型预测控制的基本特点

在传统的模型预测控制系统中，控制器以固定的时间段进行采样，并且在不考虑系统动态特性的情况下定期施加控制信号，这会导致多余的采样和控制操作。然而在事件驱动模型预测控制中，事件驱动控制器考虑了详细的系统行为（例如，系统错误偏离规定的设置或性能指标超出了指定的水平），并将它们用作触发控制动作的信号，能够根据系统实际的需求非均匀地采集测量信息并产生控制信号。虽然采样信号的频率越高，系统的控制性能可能会越好，但通信速率过高会导致一些资源的浪费。例如，在典型的网络化控制系统中，信号通过网络传输，控制器、执行器和传感器共享通信网络，过高的采集和传输系统信号的频次会造成通信资源的浪费[98]。事件驱动控制的应用可以很好地降低信号传输频次，有效减少通信带宽的占有率，让有限的通信资源得到更有效的利用[99]。

把模型预测控制和事件驱动控制相结合，可减少求解优化问题的频率，形成事件驱动模型预测控制，并且能够保证一定的优化控制性能。在高度非线性的航天器控制系统中，考虑到推力器推力、航天器转角的实际约束，非线性模型预测控制可以很好地优化航天器的姿轨控制目标，并在航天器携带能源有限的情况下，采用事件驱动模型预测控制方法，减少通信量，不再频繁地求解复杂的优化问题，减少了能源的消耗，实现长航的目标。此外，在执行隐蔽任务时，过于频繁的通信易被监听，事件驱动模型预测控制能够起到一定保密作用，减少数据泄露。

4.3.3 事件驱动模型预测控制的研究进展

1. 鲁棒事件驱动模型预测控制

文献 [83] 考虑了一类具有外部可加性干扰的非线性系统：

$$\dot{\boldsymbol{x}}(t) = f(\boldsymbol{x}(t), \boldsymbol{u}(t)) + \boldsymbol{\omega}(t), \ t \geq 0. \tag{4.14}$$

系统受到的外界干扰 $\boldsymbol{\omega}(t) \in \mathcal{W}$ 是有界的。针对系统存在有界干扰的鲁棒模型预测控制的一种方法是采用最小最大化模型预测控制，即设计一个优化的目标，在存在干扰且满足各种约束代价最大的情况下设计控制率，将代价达到最小：

$$\min_{\{u_{0|k}, u_{1|k}, \cdots\}} \ \max_{\{w_{0|k}, w_{1|k}, \cdots\}} \sum_{i=0}^{N-1} \|\boldsymbol{x}_{i|k}\|_{\boldsymbol{Q}}^2 + \|\boldsymbol{u}_{i|k}\|_{\boldsymbol{R}}^2 + \|\boldsymbol{x}_{N|k}\|_{\boldsymbol{P}}^2. \tag{4.15}$$

但最小最大化模型预测控制的计算量大，导致实时性不能满足要求。另一种方法是不考虑干扰，将外界的干扰默认为零，引入一个新的名义系统，将名义系统的状态约束在更小的范围，并考虑干扰的边界，使得名义系统加上干扰时的真实系统状态满足实际约束。

鲁棒事件驱动模型预测控制在时刻 t_k 求解最优问题，由于系统受到外界干扰，定义名义系统的预测状态轨迹为 $\hat{\boldsymbol{x}}(s; t_k)$，它满足名义系统动力学：$\dot{\hat{\boldsymbol{x}}}(s; t_k) = f(\hat{\boldsymbol{x}}(s; t_k), \hat{\boldsymbol{u}}(s; t_k))$，$s \in [t_k, t_k + T]$，其中 $T > 0$ 代表预测范围，$\hat{\boldsymbol{u}}(s; t_k)$ 称为预测控制曲线。设计名义系统的优化目标函数，使系统的控制输入和状态趋于零。需要解决的优化问题描述如下[83]：

$$\hat{\boldsymbol{u}}^*(s;t_k) = \arg\min_{\hat{\boldsymbol{u}}(s;t_k)} \int_k^{t_k+T} \|\hat{\boldsymbol{x}}(s;t_k)\|_{\boldsymbol{Q}}^2 + \|\hat{\boldsymbol{u}}(s;t_k)\|_{\boldsymbol{R}}^2 + \|\hat{\boldsymbol{x}}(t_k+T;t_k)\|_{\boldsymbol{P}}^2,$$

$$\text{s. t.} \quad \dot{\hat{\boldsymbol{x}}}(s;t_k) = f(\hat{\boldsymbol{x}}(s;t_k),\hat{\boldsymbol{u}}(s;t_k)), s \in [t_k, t_k+T],$$

$$\hat{\boldsymbol{u}}(s;t_k) \in \mathcal{U}, s \in [t_k, t_k+T],$$

$$\|\hat{\boldsymbol{x}}(s;t_k)\|_{\boldsymbol{P}} < \frac{T\alpha}{s-t_k}\varepsilon, s \in [t_k, t_k+T],$$

$$(4.16)$$

式中，$\varepsilon > 0$；$\alpha \in (0,1)$，为收缩率；$\hat{\boldsymbol{u}}^*(s;t_k)$ 表示最优控制轨迹；$\hat{\boldsymbol{x}}^*(s;t_k)$ 表示最优名义状态轨迹。

在鲁棒事件驱动模型预测控制中，当名义系统符合约束条件时，名义系统加上外界有界干扰，就能保证真实的系统状态符合约束。特别地，事件驱动模型预测控制能够根据系统控制性能的需要，非周期性地采样、传输测量信号并求解优化问题。假设最优的名义状态 $\hat{\boldsymbol{x}}^*(s;t_k)$ 与实际的动态系统状态 $\hat{\boldsymbol{x}}(s;t_k)$ 之间的间隔不超过 σ，设计的事件驱动条件描述如下：

$$\bar{t}_{k+1} = \inf_{s > t_k}\{s: \|\hat{\boldsymbol{x}}^*(s;t_k) - \boldsymbol{x}(s;t_k)\|_{\boldsymbol{P}} = \sigma\}, \quad (4.17)$$

式中，σ ——触发水平，$\sigma = \beta T \rho \bar{\lambda}(\sqrt{\boldsymbol{P}}) \mathrm{e}^{\beta TL}$，$\rho > 0$，$\lambda > 0$，$L > 0$，$\beta \in (0,1)$ 是常数。

事件驱动在每一时刻比较真实状态和预测状态之间的差值，一旦差值超过 σ 就触发事件驱动条件，控制系统通过通信网络传输测量信号，鲁棒模型预测控制器求解优化问题，从而形成鲁棒事件驱动模型预测控制。在外界干扰比较小，真实状态和预测状态比较接近的情况下，由于长时间都达不到事件触发的条件，考虑到采样时间过长可能会造成控制性能的牺牲比较大，因此设置一个最大预测时域 T，当到达最大预测时域 T 后，即使真实状态和预测状态的距离达不到设定值 σ，也要触发事件驱动条件。如式（4.18）所示，最终取 $\bar{t}_{k+1}$ 和 t_k+T 中的最小值作为最终的事件驱动的时间间隔：

$$t_{k+1} = \min\{\bar{t}_{k+1}, t_k+T\}. \quad (4.18)$$

事件驱动的鲁棒模型预测控制采用双模式的控制策略，当系统状态进入终端集 $\boldsymbol{x}(t) \in \Omega(\varepsilon)$ 后，采用状态反馈控制律 $\boldsymbol{u}(t) = \boldsymbol{Kx}(t)$，同时遵循控制输入的约束，将系统镇定在终端集内。鲁棒事件触发模型预测控制对系统模型的不确定性具有一定的鲁棒性。如果系统模型的不确定是加性的，则可以把它当作扰动处理。

2. 离散系统的事件驱动模型预测控制

本小节在连续系统的基础上考虑离散系统的鲁棒事件驱动模型预测控制，其基本思想是利用插值技术构造反馈控制策略并相应地紧缩原始系统约束，以满足鲁棒的事件驱动模型预测控制。文献［100］提出了一种动态的事件驱动条件，仅在事件触发时刻传输系统信号并解决优化问题，其中事件触发的阈值是通过求解优化问题确定的，并且与反馈控制策略的内插系数有关。离散系统的事件驱动模型预测控制算法是递归可行的，并且能够确保在吸引域中闭环系统是输入到状态稳定的。考虑以下离散系统：

$$x(t+1) = Ax(t) + Bu(t) + \omega(t) , \qquad (4.19)$$

式中，$x(t), u(t), \omega(t)$ —— $t \in \mathbb{N}$ 时刻的系统状态、控制输入、未知时变的加性噪声，$x(t) \in \mathbb{R}^n$，$u(t) \in \mathbb{R}^m$，$\omega(t) \in \mathbb{R}^n$；

A, B ——维数匹配的常数矩阵。

系统的约束如下：

$$x(t) \in \mathcal{X} , \ u(t) \in \mathcal{U} , \ \omega(t) \in \mathcal{W} , \ t \in \mathbb{N} .$$

由于存在有界扰动，因此需要对原始系统的约束进行紧缩，定义更加严格的约束集 $\mathcal{X}_j$、$\mathcal{U}_j$、$\mathcal{F}_j^p$，以满足稳定的约束需求。这样严格的约束集加上有界的扰动，就能够满足系统真实的约束。提出以下控制输入来维持系统的稳定：

$$u(t) = \sum_{p=0}^{v} K_p x_p(t) , \ v \in \mathbb{N} , \qquad (4.20)$$

式中，$K_p \in \mathbb{R}^{m \times n}$，$p \in \mathbb{N}_{[1,v]}$；$x_p(t) = \lambda_p(t) x(t)$，$\lambda_p(t)$ 满足 $\sum_{p=0}^{v} \lambda_p(t) = 1$，$\lambda_p(t) \in \mathbb{R}_{[0,1]}$。

考虑到 $x_p(t+1) = \Phi_p x_p(t) + \lambda_p(t) w(t)$，$\Phi_p = A + BK_p$，并在式（4.20）描述的控制输入的作用下，定义新的变量

$$z(t) = [x^T(t) \quad x_1^T(t) \quad \cdots \quad x_v^T(t)]^T ,$$

$$d(t) = [w^T(t) \quad \lambda_1(t) w^T(t) \quad \cdots \quad \lambda_v(t) w^T(t)]^T ,$$

从而式（4.19）所描述的闭环系统可以重新描述为以下形式：

$$z(t+1) = \Phi z(t) + Ed(t) , \qquad (4.21)$$

式中，

$$\boldsymbol{\Phi} = \begin{bmatrix} \boldsymbol{\Phi}_0 & \boldsymbol{B}(\boldsymbol{K}_1 - \boldsymbol{K}_0) & \cdots & \boldsymbol{B}(\boldsymbol{K}_v - \boldsymbol{K}_0) \\ \boldsymbol{0} & \boldsymbol{\Phi}_1 & \cdots & \boldsymbol{0} \\ \vdots & \vdots & & \vdots \\ \boldsymbol{0} & \boldsymbol{0} & \cdots & \boldsymbol{\Phi}_v \end{bmatrix}, \boldsymbol{E} = \begin{bmatrix} \boldsymbol{I}_n & \boldsymbol{0} & \cdots & \boldsymbol{0} \\ \boldsymbol{0} & \boldsymbol{I}_n & \cdots & \boldsymbol{0} \\ \vdots & \vdots & & \vdots \\ \boldsymbol{0} & \boldsymbol{0} & \cdots & \boldsymbol{I}_n \end{bmatrix}.$$

在新的动态系统描述下，针对具有有限加性扰动的受约束的离散系统，提出鲁棒事件驱动模型预测控制。首先，根据式（4.20），基于插值技术构造有助于在预测过程中减弱扰动效应的反馈策略，并且为了满足鲁棒的约束，根据一组稳定的反馈增益及其之间的内插系数对系统约束集进行适当收紧。然后，在每个触发时刻 t_k，控制器求解有限时域的约束优化问题，从而导出控制输入和插值系数。其中，成本函数会惩罚低增益反馈定律的加权因子，以平衡吸引区域的大小和控制性能。接下来，将具有动态触发阈值的事件驱动控制机制引入基于插值的鲁棒模型预测控制策略，使得控制器仅需要解决约束优化问题，并在特定触发时刻传输测量信号和控制率，可减少计算量，节约能源和通信成本。对于给定的闭集 $\mathcal{T}_i \subseteq \mathbb{R}^n$，事件驱动机制可描述如下：

$$t_{k+1} = t_k + \min\{i \in \mathbb{N}_{\geqslant 1} : z(t_k + i) \notin z^*(i, t_k) + \mathcal{T}_i\}. \quad (4.22)$$

该事件触发器通过对比预测状态和真实状态之间的偏差是否超过阈值来决定是否触发事件。所提出的事件驱动条件同样可以确保触发的最小时间间隔，避免芝诺现象。而且，在每个触发时刻 t_k，控制器通过解决带有约束的优化问题来生成一系列控制输入和一组内插系数，这些内插系数表征了事件触发的触发阈值。此外，事件驱动的鲁棒模型预测控制算法通过保证在 k 时刻的预测状态最终输入不变集，从而保证在 $k+1$ 时刻的系统状态也存在不变集内，确保了算法的递归的可行性和闭环系统的稳定性。

|4.4　小　结|

本章简要介绍了模型预测控制技术和事件驱动模型预测控制技术，并综述了模型预测控制与事件驱动模型预测控制领域现有的一些成果。对于模型预测控制，事件驱动策略的提出，可以根据需求计算和传递控制输入信号，从而避免不必要的信号传输，降低反馈控制的通信成本。将基本的模型预测控制与事件驱动结合，所形成的事件驱动模型预测控制可保障算法的可行性和闭环系统的控制性能，虽然这不能实现最优的控制性能，但能够达到一定的系统优化控制的目标。对于通信卫星姿轨控制，往往包含诸如执行机构约束、相对指向约束、燃料约束等约束问题。模型预测控制的另一大优点是可以显式处理各类约束，这使得模型预测控制在姿轨控制系统中具有广阔的应用前景。

| 参考文献 |

［1］ CLARKE D Q, MOHTADI C, TUFFS P S. Generalized predictive control—part I: the basic algorithm ［J］. Automatica, 1987, 23 （2）: 137－148.

［2］ CLARKE D Q, MOHTADI C, TUFFS P S. Generalized predictive control—part II: extensions and interpretations ［J］. Automatica, 1987, 23 （2）: 149－160.

［3］ WANG W L, RIVERA D E, KEMPF K G. Model predictive control strategies for supply chain management in semiconductor manufacturing ［J］. International Journal of Production Economics, 2007, 107 （1）: 56－77.

［4］ DUFOUR P, MICHAUD D J, TOURE Y, et al. A partial differential equation model predictive control strategy: application to autoclave composite processing ［J］. Computers and Chemical Engineering, 2004, 28 （4）: 545－556.

［5］ SALSBURY T, MHASKAR P, QIN S J. Predictive control methods to improve energy efficiency and reduce demand in buildings ［J］. Computers and Chemical Engineering, 2013, 51: 77－85.

［6］ BRYDS M A, GROCHOWSKI M, GMINSKI T, et al. Hierarchical predictive control of integrated wastewater treatment systems ［J］. Control Engineering Practice, 2008, 16 （6）: 751－767.

［7］ HOVORKA R, CANONICO V, CHASSIN L J, et al. Nonlinear model predictive control of glucose concentration in subjects with type1 diabetes ［J］. Physiological Measurement, 2004, 25 （4）: 905－920.

［8］ KEVICZKY T, BALAS G J. Receding horizon control of an F－16 aircraft: a comparative study ［J］. Control Engineering Practice, 2006, 14 （9）:

1023 – 1033.

[9] SILANI E, LOVERA M. Magnetic spacecraft attitude control： a survey and some new results ［J］. Control Engineering Practice, 2005, 13 （3）： 357 – 371.

[10] RICHALET J, RAULT A, TESTUD J L, et al. Model predictive heuristic control： application to industrial process ［J］. Automatica, 1978, 14： 413 – 428.

[11] CUCLER C R, RAMAKER B L. Dynamic matrix control—a computer control algorithm ［C］ // Joint Automatic Control Conference, San Francisco, 1980.

[12] CLARKE D W, MOHTADI C. Properties of generalized predictive control ［J］. Automatica, 1989, 25 （6）： 859 – 875.

[13] ZAFIRIOU E. Robust model predictive control of processes with hard constraints ［J］. Computers & Chemical Engineering, 1990, 14 （4/5）： 359 – 371.

[14] CAMPO P J, MORARI M. Robust model predictive control ［C］ // American Control Conference, Minneapolis, 1987 （2）： 1021 – 1026.

[15] ALLWRIGHT J C, PAPAVASILIOU G C. On linear programming and robust model predictive control using impulse responses ［J］. Systems & Control Letters, 1992, 18： 159 – 164.

[16] ZHENG Z Q, MORARI M. Robust stability of constrained model predictive control ［C］ //American Control Conference, San Francisco, 1993： 379 – 383.

[17] LEE J H, YU Z. Worst – case formulations of model predictive control for systems with bounded parameters ［J］. Automatica, 1997, 33 （5）： 763 – 781.

[18] BADGWELL T A. Robust model predictive control of stable linear systems ［J］. International Journal of Control, 1997, 68 （4）： 797 – 818.

[19] RAWLINGS J B, MUSKE K R. The stability of constrained receding horizon control ［J］. IEEE Transactions on Automatic Control, 1993, 38： 1512 – 1516.

[20] KOTHARE M V, BALAKRISHNAN V, MORARI M. Robust constrained model predictive control using linear matrix inequalities ［J］. Automatica, 1996, 32 （10）： 1361 – 1379.

[21] LOBO M, VANDENBERGHE L, BOYD S. Software for second – order cone programming: user's guide [Z]. 1997.

[22] BLANCHINI F. Set invariance in control: a survey [J]. Automatica, 1999: 1747 – 1767.

[23] LANGSON W, CHRYSSOCHOOS I, RAKOVIC S V, et al. Robust model predictive control using tubes [J]. Automatica, 2004, 40: 125 – 133.

[24] RAKOVIĆ S V, KOUVARITAKIS B, FINDEISEN R, et al. Homothetic tube model predictive control [J]. Automatica, 2012, 48: 1631 – 1638.

[25] RAKOVIĆ S V, KOUVARITAKIS B, CANNON M, et al. Parameterized tube model predictive control [J]. IEEE Transactions on Automatic Control, 2012, 57: 2746 – 2761.

[26] RAKOVIĆ S V, KOUVARITAKIS B, CANNON M. Equi – normalization and exact scaling dynamics in Homothetic tube model predictive control [J]. System & Control Letters, 2013, 62: 209 – 217.

[27] GOULART P J, KERRIGAN E C, MACIEJOWSKI J M. Optimization over state feedback policies for robust control with constraints [J]. Automatica, 2006, 42: 523 – 533.

[28] SCHWARM A, NIKOLAOU M. Chance – constrained model predictive control [J]. AIChE Journal, 1999, 45: 1743 – 1752.

[29] LI P, WENDT M, WOZNY G. A probabilistically constrained model predictive controller [J]. Automatica, 2002, 38: 1171 – 1176.

[30] NEMIROVSKI A, SHAPIRO A. Convex approximations of chance constrained programs [J]. SIAM Journal on Optimization, 2007, 17: 969 – 996.

[31] GELETU A, KLÖPPEL M, ZHANG H, et al. Advances and applications of chance – constrained approaches to systems optimization under uncertainty [J]. International Journal of Systems Science, 2013, 44 (7): 1209 – 1232.

[32] CHARNES A, COOPER W W. Deterministic equivalents for optimizing and satisficing under chance constraints [J]. Operations Research, 1963, 11: 18 – 39.

[33] ASTRÖM K J. Introduction to stochastic control theory [M]. New York: Academic, 1970.

[34] LI P, WENDT M, WOZNY G. Robust model predictive control under chance constraints [J]. Computers & Chemical Engineering, 2000, 24

（2/3/4/5/6/7）：829 – 834.

［35］ VAN HESSEM D H. Stochastic inequality constrained closed – loop model predictive control with application to chemical process operation ［D］. Delft：Delft University of Technology, 2004.

［36］ CANNON M, KOUVARITAKIS B, WU X. Probabilistic constrained MPC for multiplicative and additive stochastic uncertainty ［J］. IEEE Transactions on Automatic Control, 2009, 54（7）：1626 – 1632.

［37］ PAULSON J A, STREIF S, MESBAH A. Stability for receding – horizon stochastic model predictive control ［C］//American Control Conference, Chicago, 2015：937 – 943.

［38］ PAULSON J A, MESBAH A, STREIF S, et al. Fast stochastic model predictive control of high – dimensional systems ［C］//The 53rd IEEE Conference on Decision and Control, Los Angeles, 2014：2802 – 2809.

［39］ JURADO I, MILLÁN P, QUEVEDO D, et al. Stochastic MPC with applications to process control ［J］. International Journal of Control, 2015, 88（4）：792 – 800.

［40］ KIM K K, BRAATZ R D. Generalized polynomial chaos expansion approaches to approximate stochastic model predictive control ［J］. International Journal of Control, 2013, 86：1324 – 1337.

［41］ BLACKMORE L, ONO M, WILLIAMS B C. Chance – constrained optimal path planning with obstacles ［J］. IEEE Transactions on Robotics, 2011, 27：1080 – 1094.

［42］ GRAY A, GAO Y, LIN T, et al. Stochastic predictive control for semi – autonomous vehicles with an uncertain driver model ［C］//The 16th International IEEE Conference on Intelligent Transportation Systems, Hague, 2013：2329 – 2334.

［43］ YAN J, BITMEAD R R. Incorporating state estimation into model predictive control and its application to network traffic control ［J］. Automatica, 2005, 41：595 – 604.

［44］ CHATTERJEE D, AMIN S, HOKAYEM P, et al. Mean – square boundedness of stochastic networked control systems with bounded control inputs ［C］//The 49th IEEE Conference on Decision and Control, Atlanta, 2010：4759 – 4764.

[45] RIPACCIOLI G, BERNARDINI D, CAIRANO S D, et al. A stochastic model predictive control approach for series hybrid electric vehicle power management [C] //The 2010 American Control Conference, Baltimore, 2010: 5844 – 5849.

[46] BICHI M, RIPACCIOLI G, CAIRANO S D, et al. Stochastic model predictive control with driver behavior learning for improved powertrain control [C] //The 49th IEEE Conference on Decision and Control, Atlanta, 2010: 6077 – 6082.

[47] GOODWIN G C, MEDIOLI A M. Scenario – based closed – loop model predictive control with application to emergency vehicle scheduling [J]. International Journal of Control, 2013, 86: 1338 – 1348.

[48] LECCHINI – VISINTINI A, GLOVER W, LYGEROS J, et al. Monte Carlo optimization for conflict resolution in air traffic control [J]. IEEE Transactions on Intelligent Transportation Systems, 2006, 7: 470 – 482.

[49] KANTAS N, MACIEJOWSKI J M, LECCHINI – VISINTINI A. Sequential Monte Carlo for model predictive control [C] //Nonlinear Model Predictive Control, Berlin, 2009: 263 – 273.

[50] HANS C A, SOPASAKIS P, BEMPORAD A, et al. Scenario – based model predictive operation control of islanded microgrids [C] //The 54th IEEE Conference on Decision and Control, Osaka, 2015: 3272 – 3277.

[51] BEMPORAD A, BELLUCCI L, GABBRIELLINI T. Dynamic option hedging via stochastic model predictive control based on scenario simulation [J]. Quantitative Finance, 2014, 14: 1739 – 1751.

[52] SCHILDBACH G, BORRELLI F. Scenario model predictive control for lane change assistance on highways [C] // 2015 IEEE Intelligent Vehicles Symposium (IV), Seoul, 2015: 611 – 616.

[53] FAWAL H E, GEORGES D, BORNARD G. Optimal control of complex irrigation systems via decomposition – coordination and the use of augmented Lagrangian [C] //1998 IEEE International Conference on Systems, Man, and Cybernetics, San Diego, 1998: 3874 – 3879.

[54] CAMPONOGARA E, JIA D, KROGH B H, et al. Distributed model predictive control [J]. IEEE Control Systems Magazine, 2002, 22 (1): 44 – 52.

［55］ NEGENBORN R R, HELLENDOORN H. Intelligence in transportation infrastructures via model based predictive control ［M］// NEGENBORN R R, LUKSZO Z, HELLENDOORN H, et al. Intelligent infrastructures. Dordrecht: Springer, 2010: 3 – 24.

［56］ CAMPONOGARA E, DE OLIVEIRA B B. Distributed optimization for model predictive control of linear – dynamic networks ［J］. IEEE Transactions on Systems, Man, and Cybernetics – Part A: Systems and Humans, 2009, 39 (6): 1331 – 1338.

［57］ NEGENBORN R R, OVERLOOP P J, TAMÁS KEVICZKY, et al. Distributed model predictive control of irrigation canals ［J］. Networks and Heterogeneous Media, 2017, 4 (2): 359 – 380.

［58］ NEGENBORN R R, DE SCHUTTER B, HELLENDOORN J. Multi – agent model predictive control for transportation networks: serial versus parallel schemes ［J］. Engineering Applications of Artificial Intelligence, 2008, 21 (3): 353 – 366.

［59］ HERMANS R M, JOKIA A, LAZAR M, et al. Assessment of non – centralised model predictive control techniques for electrical power networks ［J］. International Journal of Control, 2012, 85 (8): 1162 – 1177.

［60］ NABAIS J L, NEGENBORN R R, CARMONA BENÍTEZ R B, et al. Setting cooperative relations among terminals at seaports using a multi – agent system ［C］//The 16th International IEEE Conference on Intelligent Transportation Systems (ITSC 2013), 2013: 1731 – 1736.

［61］ DUNBAR W B, DESA S. Distributed MPC for dynamic supply chain management ［C］//Assessment and Future Directions of Nonlinear Model Predictive Control, Berlin, 2007: 607 – 615.

［62］ NABAIS J L, NEGENBORN R R, RAFAEL C B, et al. A multi – agent MPC scheme for vertically integrated manufacturing supply chains ［J］. IFAC Proceedings Volumes, 2013, 46 (24): 59 – 64.

［63］ MAESTRE J M, PEÑA D M D L, CAMACHO E F, et al. Distributed model predictive control based on agent negotiation ［J］. Journal of Process Control, 2011, 21 (5): 685 – 697.

［64］ MAESTRE J M, NEGENBORN R R. Distributed model predictive control made easy ［M］. Dordrecht: Springer Publishing Company, Incorporated, 2013.

［65］ NEGENBORN R R, MAESTRE J M. Distributed model predictive control: an overview of features and research opportunities ［C］//The 11th IEEE International Conference on Networking, Sensing and Control, Miami, 2014: 530－535.

［66］ SAREWITZ D, PIELKE R A, BYERLY R. Prediction: science, decision making, and the future of nature ［J］. Future Survey, 2000, 15 (9): 853－856.

［67］ HARDING R. Environmental decision－making: the roles of scientists, engineers, and the public ［M］. Sydney: Federation Press, 1998.

［68］ JOE J, KARAVA P, HOU X, et al. A distributed approach to model－predictive control of radiant comfort delivery systems in office spaces with localized thermal environments ［J］. Energy and Buildings, 2018, 175: 173－188.

［69］ BROY M. Engineering cyber－physical systems: challenges and foundations ［M］// AIGUIER M, CASEAU Y, KROB D, et al. Complex systems design & management. Berlin Heidelberg : Springer, 2013.

［70］ DIMEAS A L, HATZIARGYRIOU N D . Operation of a multiagent system for microgrid control ［J］. IEEE Transactions on Power Systems, 2005, 20 (3): 1447－1455.

［71］ WEISS G. Multiagent systems ［M］. Cambridge: MIT Press, 2013.

［72］ GUIZANI M. Wireless communications systems and networks ［M］. Boston: Springer, 2004.

［73］ IINO Y, HATANAKA T, FUJITA M. Event－predictive control for energy saving of wireless networked control system ［C］//2009 American Control Conference, St. Louis, 2009: 2236－2242.

［74］ LI L, LEMMON M . Event－triggered output feedback control of finite horizon discrete－time multi－dimensional linear processes ［C］// The 49th IEEE Conference on Decision and Control (CDC), Atlanta, 2010: 3221－3226.

［75］ SIJS J, LAZAR M, HEEMELS W P M H . On integration of event－based estimation and robust MPC in a feedback loop ［C］// ACM International Conference on Hybrid Systems: Computation and Control, Stockholm, 2010: 31－40.

［76］ BERGLIND J D J B, GOMMANS T M P, HEEMELS W P M H . Self－

triggered MPC for constrained linear systems and quadratic costs [J]. IFAC Proceedings Volumes, 2012, 45 (17): 342 - 348.

[77] GRÜNE L, MÜLLER F. An algorithm for event - based optimal feedback control [C] // The 48h IEEE Conference on Decision and Control (CDC) held jointly with 2009 28th Chinese Control Conference, Shanghai, 2009: 5311 - 5316.

[78] EQTAMI A, DIMAROGONAS D V, KYRIAKOPOULOS K J. Event - triggered strategies for decentralized model predictive controllers [J]. IFAC Proceedings Volumes, 2011, 44 (1): 10068 - 10073.

[79] LEHMANN D, HENRIKSSON E, JOHANSSON K H. Event - triggered model predictive control of discrete - time linear systems subject to disturbances [C] //2013 European Control Conference (ECC), Zurich, 2013: 1156 - 1161.

[80] MAYNE D Q, RAWLINGS J B, RAO C V, et al. Constrained model predictive control: stability and optimality [J]. Automatica, 2000, 36 (6): 789 - 814.

[81] DE SCHUTTER B, VAN DEN BOOM T. Model predictive control for max - plus - linear discrete event systems [J]. Automatica, 2001, 37 (7): 1049 - 1056.

[82] EQTAMI A, DIMAROGONAS D V, KYRIAKOPOULOS K J. Novel event - triggered strategies for model predictive controllers [C]// The 50th IEEE Conference on Decision and Control and European Control Conference, Orlando, 2011: 3392 - 3397.

[83] LI H P, SHI Y. Event - triggered robust model predictive control of continuous - time nonlinear systems [J]. Automatica, 2014, 50 (5): 1507 - 1513.

[84] LIU C X, GAO J, LI H P, et al. Aperiodic robust model predictive control for constrained continuous - time nonlinear systems: an event - triggered approach [J]. IEEE Transactions on Cybernetics, 2017, 99: 1 - 9.

[85] HE N, SHI D W. Event - based robust sampled - data model predictive control: a non - monotonic Lyapunov function approach [J]. IEEE Transactions on Circuits and Systems I: Regular Papers, 2017, 62 (10): 2555 - 2564.

[86] LIU C X, LI H P, SHI Y, et al. Co – design of event trigger and feedback policy in robust model predictive control [J]. IEEE Transactions on Automatic Control, 2020, 65 (1): 302 – 309.

[87] LIU C X, LI H P, GAO J, et al. Robust self – triggered min – max model predictive control for discrete – time nonlinear systems [J]. Automatica, 2018, 89: 333 – 339.

[88] ZOU Y Y, SU X, NIU Y G. Event – triggered distributed predictive control for the cooperation of multi – agent systems [J]. IET Control Theory & Applications, 2016, 11 (1): 10 – 16.

[89] HASHIMOTO K, ADACHI S, DIMAROGONAS D V. Distributed aperiodic model predictive control for multi – agent systems [J]. IET Control Theory & Applications, 2014, 9 (1): 10 – 20.

[90] LI H P, YAN W S, SHI Y, et al. Periodic event – triggering in distributed receding horizon control of nonlinear systems [J]. Systems & Control Letters, 2015, 86: 16 – 23.

[91] LIU C X, LI H P, SHI Y, et al. Distributed event – triggered model predictive control of coupled nonlinear systems [J]. SIAM Journal on Control and Optimization, 2020, 58 (2): 714 – 734.

[92] 陈虹. 模型预测控制 [M]. 北京: 科学出版社, 2013.

[93] 陈虹, 刘志远, 解小华. 非线性模型预测控制的现状与问题 [J]. 控制与决策, 2001, 16 (4): 385 – 391.

[94] 孔宪光, 殷磊. 自动控制原理与技术研究 [M]. 北京: 中国水利水电出版社, 2014.

[95] 冯常奇, 罗刚. PID 和预测控制两种方法的比较 [J]. 武汉船舶职业技术学院学报, 2013, 12 (1): 52 – 55.

[96] LU Q, SHI P, LIU J X, et al. Model predictive control under event – triggered communication scheme for nonlinear networked systems [J]. Journal of the Franklin Institute, 2019, 356 (5): 2625 – 2644.

[97] WANG M Z, SUN J. Event – triggered nonlinear model predictive control with bounded disturbances and state – dependent uncertainties [J]. IFAC – PapersOnLine, 2017, 50 (1): 9308 – 9314.

[98] VARUTTI P, KERN B, FAULWASSER T, et al. Event – based model predictive control for networked control systems [C] //The 48th IEEE

Conference on Decision and Control (CDC) held jointly with 2009 28th Chinese Control Conference, Shanghai, 2009: 567 – 572.

［99］ ZHAN J Y, HU Y J, LI X. Adaptive event – triggered distributed model predictive control for multi – agent systems ［J］. Systems & Control Letters, 2019, 134: 104531.

［100］ LIU C X, LI H P, SHI Y, et al. Codesign of event trigger and feedback policy in robust model predictive control ［J］. IEEE Transactions on Automatic Control, 2020, 65 (1): 302 – 309.

第 5 章

通信卫星事件驱动自抗扰姿态控制

|5.1 引 言|

通信卫星姿态控制是保障通信卫星安全工作、提高卫星服务质量的重要前提。卫星姿态控制技术是获取并保持卫星在太空中指向（卫星相对于某个参考坐标系的姿态）的技术[1]，不同的卫星有不同的任务，因而对飞行姿态有不同的要求[2]。由于空间中的干扰会使得卫星姿态角与角速度发生偏移，因此需要根据任务要求调整姿态轴状态，以保持卫星在飞行时姿态轴的稳定。姿态观测器用于根据卫星姿态系统的输出（即测量值）估计卫星姿态系统的状态；姿态控制器用于计算控制量，以控制卫星姿态指向。卫星在轨运行中难免受到外部扰动及自身不确定性的影响，从而影响卫星姿态指向的稳定性。目前工程中对于外部扰动的抑制多为被动控制，缺乏主动的估计与补偿。为了克服这一问题，本章针对通信卫星的姿态跟踪模型设计了扩张状态观测器来估计系统的"总扰动"，同时设计了自抗扰控制器来完成卫星姿态的稳定跟踪。此外，考虑到星上通信资源的有限性，本章设计了事件驱动机制来降低观测器与传感器之间的通信频率，能够在保证估计与控制性能的前提下达到节省带宽的目的。

|5.2　事件驱动扩张姿态观测器设计|

5.2.1　刚性航天器的姿态动力学模型

我们可将通信卫星姿态模型视为刚性航天器姿态模型。刚性航天器姿态可以利用多种参数表示，如欧拉角、四元数、修正的 Rodrigues 参数等。由于四元数不存在奇异点，因此大多数刚性航天器的姿态运动学和动力学模型用四元数表示姿态。定义单位四元数 q，$q = \begin{bmatrix} q_v^T & q_4 \end{bmatrix}^T \in \mathbb{R}^3 \times \mathbb{R}$，表示航天器本体坐标系相对于惯性坐标系的姿态方向，其由矢量部分 $q_v = [q_1, q_2, q_3]^T \in \mathbb{R}^3$ 和标量分量 $q_4 \in \mathbb{R}$ 组成，并且满足 $q_v^T q_v + q_4^2 = 1$ 的约束条件。具体模型如下：

$$\dot{q}_v = \frac{1}{2}(q_4 I_3 + q_v^\times)\omega, \dot{q}_4 = -\frac{1}{2}q_v^T\omega, \tag{5.1}$$

$$J\dot{\omega} = -\omega^\times J\omega + u + d, \tag{5.2}$$

式中，ω——航天器角速度，$\omega \in \mathbb{R}^3$；

u——控制力矩，$u \in \mathbb{R}^3$；

d——外部未知扰动，$d \in \mathbb{R}^3$；

J——航天器的惯量矩阵，$J \in \mathbb{R}^{3\times3}$。

定义目标姿态单位四元数 q_d，$q_d = \begin{bmatrix} q_{dv}^T, q_4 \end{bmatrix}^T \in \mathbb{R}^3 \times \mathbb{R}$，满足 $q_{dv}^T q_{dv} + q_{d4}^2 = 1$。期望的姿态运动方程可以定义为

$$\begin{cases} \dot{q}_{dv} = \frac{1}{2}(q_{d4} I_3 + q_{dv}^\times)\omega_d, \\ \dot{q}_{d4} = -\frac{1}{2}q_{dv}^T\omega_d, \end{cases} \tag{5.3}$$

式中，ω_d——目标角速度。

假设 ω_d、$\dot{\omega}_d$、$\ddot{\omega}_d$ 是有界的，姿态跟踪的目标可以表示为

$$\lim_{t\to\infty} \sup \eta_1(t) = 0, \eta_1(t) = q(t) - q_d(t), \tag{5.4}$$

$$\lim_{t\to\infty} \sup \eta_2(t) = 0, \eta_2(t) = \omega(t) - \omega_d(t). \tag{5.5}$$

定义姿态跟踪误差四元数 $q_e = [q_{ev}^T, q_{e4}]^T \in \mathbb{R}^3 \times \mathbb{R}$，姿态跟踪误差角速度

$\boldsymbol{\omega}_{\mathrm{e}} \in \mathbb{R}^3$：

$$q_{\mathrm{ev}} = q_{\mathrm{d4}}\boldsymbol{q}_{\mathrm{v}} - \boldsymbol{q}_{\mathrm{dv}}^{\times} - q_4\boldsymbol{q}_{\mathrm{dv}}, q_{\mathrm{e4}} = \boldsymbol{q}_{\mathrm{dv}}^{\mathrm{T}}\boldsymbol{q}_{\mathrm{v}} + q_4 q_{\mathrm{d4}}, \tag{5.6}$$

$$\boldsymbol{\omega}_{\mathrm{e}} = \boldsymbol{\omega} - \boldsymbol{C}\boldsymbol{\omega}_{\mathrm{d}}, \tag{5.7}$$

式中，$\boldsymbol{C} = (1 - 2\boldsymbol{q}_{\mathrm{ev}}^{\mathrm{T}}\boldsymbol{q}_{\mathrm{ev}})\boldsymbol{I}_3 + 2\boldsymbol{q}_{\mathrm{ev}}\boldsymbol{q}_{\mathrm{ev}}^{\mathrm{T}} - 2q_{\mathrm{e4}}\boldsymbol{q}_{\mathrm{ev}}^{\times}$，且 $\|\boldsymbol{C}\| = 1$，$\dot{\boldsymbol{C}} = -\boldsymbol{\omega}_{\mathrm{e}}^{\times}\boldsymbol{C}$，误差四元数满足约束 $\boldsymbol{q}_{\mathrm{ev}}^{\mathrm{T}}\boldsymbol{q}_{\mathrm{ev}} + q_{\mathrm{e4}}^2 = 1$。

则姿态跟踪误差系统可表示为

$$\dot{\boldsymbol{q}}_{\mathrm{ev}} = \frac{1}{2}(q_{\mathrm{e4}}\boldsymbol{I}_3 + \boldsymbol{q}_{\mathrm{ev}}^{\times})\boldsymbol{\omega}_{\mathrm{e}}, \dot{q}_{\mathrm{e4}} = -\frac{1}{2}\boldsymbol{q}_{\mathrm{ev}}^{\mathrm{T}}\boldsymbol{\omega}_{\mathrm{e}}, \tag{5.8}$$

$$\boldsymbol{J}\dot{\boldsymbol{\omega}}_{\mathrm{e}} = -(\boldsymbol{\omega}_{\mathrm{e}} + \boldsymbol{C}\boldsymbol{\omega}_{\mathrm{d}})^{\times}\boldsymbol{J}(\boldsymbol{\omega}_{\mathrm{e}} + \boldsymbol{C}\boldsymbol{\omega}_{\mathrm{d}}) + \boldsymbol{J}(\boldsymbol{\omega}_{\mathrm{e}}^{\times}\boldsymbol{C}\boldsymbol{\omega}_{\mathrm{d}} - \boldsymbol{C}\dot{\boldsymbol{\omega}}_{\mathrm{d}}) + \boldsymbol{u} + \boldsymbol{d}. \tag{5.9}$$

引理 5.1[3]：如果式（5.8）和式（5.9）存在控制律，使得 $\lim\limits_{t \to \infty} \boldsymbol{q}_{\mathrm{ev}}(t) = 0$ 和 $\lim\limits_{t \to \infty} \boldsymbol{\omega}_{\mathrm{e}}(t) = 0$，则可以实现姿态跟踪目标（式（5.4）和式（5.5））。

证明：该引理可基于文献［3］的第 2 章和第 3 章分析得证。

令 $\boldsymbol{z} = \boldsymbol{\omega}_{\mathrm{e}} + \boldsymbol{K}\boldsymbol{q}_{\mathrm{ev}}$，则式（5.8）和式（5.9）可以写为

$$\dot{\boldsymbol{q}}_{\mathrm{ev}} = \frac{1}{2}(q_{\mathrm{e4}}\boldsymbol{I}_3 + \boldsymbol{q}_{\mathrm{ev}}^{\times})\boldsymbol{\omega}_{\mathrm{e}}, \dot{q}_{\mathrm{e4}} = -\frac{1}{2}\boldsymbol{q}_{\mathrm{ev}}^{\mathrm{T}}\boldsymbol{\omega}_{\mathrm{e}}, \tag{5.10}$$

$$\boldsymbol{J}\dot{\boldsymbol{z}} = -(\boldsymbol{\omega}_{\mathrm{e}} + \boldsymbol{C}\boldsymbol{\omega}_{\mathrm{d}}) \times \boldsymbol{J}(\boldsymbol{\omega}_{\mathrm{e}} + \boldsymbol{C}\boldsymbol{\omega}_{\mathrm{d}}) + \boldsymbol{J}(\boldsymbol{\omega}_{\mathrm{e}}^{\times}\boldsymbol{C}\boldsymbol{\omega}_{\mathrm{d}} - \boldsymbol{C}\dot{\boldsymbol{\omega}}_{\mathrm{d}}) + $$
$$\frac{1}{2}\boldsymbol{J}\boldsymbol{K}(q_{\mathrm{e4}}\boldsymbol{I}_3 + \boldsymbol{q}_{\mathrm{ev}}^{\times})\boldsymbol{\omega}_{\mathrm{e}} + \boldsymbol{u} + \boldsymbol{d}, \tag{5.11}$$

式中，$\boldsymbol{K}$——正定矩阵。

引理 5.2：考虑式（5.10）和式（5.11）形式的误差系统，对于满足 $\lim\limits_{t \to \infty} \boldsymbol{z}(t) = 0$ 的任何 $\boldsymbol{z}(t)$，可以得出 $\lim\limits_{t \to \infty} \boldsymbol{q}_{\mathrm{ev}}(t) = 0$ 和 $\lim\limits_{t \to \infty} \boldsymbol{\omega}_{\mathrm{e}}(t) = 0$。

由于燃料消耗和有效载荷的变化，控制系统中可能存在惯性矩阵的参数不确定性。带有参数不确定性的惯量矩阵描述为 $\boldsymbol{J} = \boldsymbol{J}_0 + \Delta\boldsymbol{J}$，其中 $\boldsymbol{J}_0$ 表示选定为非奇异的已知标称矩阵，$\Delta\boldsymbol{J}$ 表示与 $\boldsymbol{J}$ 相关的不确定性。因此，式（5.11）给出的动力学方程可以写为

$$(\boldsymbol{J}_0 + \Delta\boldsymbol{J})\dot{\boldsymbol{z}} = -(\boldsymbol{\omega}_{\mathrm{e}} + \boldsymbol{C}\boldsymbol{\omega}_{\mathrm{d}}) \times (\boldsymbol{J}_0 + \Delta\boldsymbol{J})(\boldsymbol{\omega}_{\mathrm{e}} + \boldsymbol{C}\boldsymbol{\omega}_{\mathrm{d}}) + $$
$$(\boldsymbol{J}_0 + \Delta\boldsymbol{J})(\boldsymbol{\omega}_{\mathrm{e}}^{\times}\boldsymbol{C}\boldsymbol{\omega}_{\mathrm{d}} - \boldsymbol{C}\dot{\boldsymbol{\omega}}_{\mathrm{d}}) + $$
$$\frac{1}{2}(\boldsymbol{J}_0 + \Delta\boldsymbol{J})\boldsymbol{K}(q_{\mathrm{e4}}\boldsymbol{I}_3 + \boldsymbol{q}_{\mathrm{ev}}^{\times})\boldsymbol{\omega}_{\mathrm{e}} + \boldsymbol{u} + \boldsymbol{d}. \tag{5.12}$$

事实上，由太阳辐射、空气动力学和磁场引起的干扰力矩随时间变化

缓慢，另外由燃料消耗和有效载荷变化引起的航天器特性（如形状和质量）变化也随时间变化缓慢。因此，本章针对系统所受的外部扰动与内部不确定性给出如下假设：

假设 1：扰动 d 假定为有界的 $\|d\| \leqslant D_1$，并且有界可微，即 $\|\dot{d}\| \leqslant D_2$，其中 D_1 和 D_2 是未知的正常数。

假设 2：假定惯量矩阵的不确定性部分 ΔJ 是有界的，即 $\|\Delta J\| \leqslant J_c$，是未知的正常数，且惯量矩阵是缓慢变化的，即 $\|\dot{J}\| \leqslant J_d$，其中 J_c 和 J_d 是未知的正常数。

上述假设为刚性航天器鲁棒姿态控制框架中的常见假设。

由矩阵逆的性质，可将 $(J_0 + \Delta J)^{-1}$ 表示为

$$(J_0 + \Delta J)^{-1} = J_0^{-1} + \Delta \overline{J}, \tag{5.13}$$

式中，ΔJ——加性不确定项；

$$\Delta \overline{J} = -(I_3 + J_0^{-1} \Delta J)^{-1} J_0^{-1} \Delta J J_0^{-1}。$$

那么由式（5.12）可以将姿态跟踪误差系统表示为

$$\dot{z} = F + G + J_0^{-1} u + \overline{d}, \tag{5.14}$$

式中，

$$F = J_0^{-1} \left[-\omega^\times J_0 \omega + J_0 (\omega_e^\times C \omega_d - C \dot{\omega}_d) + \frac{1}{2} J_0 K (q_{e4} I_3 + q_{ev}^\times) \omega_e \right], \tag{5.15}$$

$$G = J_0^{-1} \left[-\omega^\times \Delta J \omega + \Delta J (\omega_e^\times C \omega_d - C \dot{\omega}_d) + \frac{1}{2} \Delta J K (q_{e4} I_3 + q_{ev}^\times) \omega_e \right] +$$

$$\Delta \overline{J} \left[-\omega^\times J \omega + J (\omega_e^\times C \omega_d - C \dot{\omega}_d) + \frac{1}{2} J K (q_{e4} I_3 + q_{ev}^\times) \right] + \Delta \overline{J} u, \tag{5.16}$$

$$\overline{d} = (J_0^{-1} + \Delta \overline{J}) d. \tag{5.17}$$

5.2.2　事件驱动扩张状态观测器设计

接下来，引入扩张状态观测器观测系统状态以及总扰动。扩张状态观测器将内部不确定性和外部扰动视为总扰动，定义为扩张状态。本章中，扩张状态 x_2 定义为

$$x_2 := F + G + \bar{d}. \tag{5.18}$$

为描述统一，定义 $x_1 := z$，则式（5.14）可以写为

$$\dot{x}_1 = x_2 + J_0^{-1} u, \dot{x}_2 = h(t), \tag{5.19}$$

式中，$h(t)$ 满足假设 3。

假设 3：扩张状态的导数是有界的，即 $|h_i(t)| \le M_i$，其中 $i \in \{1, 2, 3\}$，M_i 为非负常数。

此外，在观测器设计中，给出控制量 u 的假设，即假设 4。

假设 4：系统控制量 u 是有界的，即 $\|u\| \le M^*$，M^* 为非负常数。

式（5.18）中的扩张状态 x_2 表示总扰动，其整合了扰动信息、实际角速度、期望角速度和姿态单位四元数的各种信息。若假设 1～4 成立，则由式（5.17）可以看出 $\bar{d}$、$\dot{\bar{d}}$ 的导数是有界的。考虑到航天器总是处于平稳运行状态，这意味着角速度 ω 及其导数是有界的。ω_d、$\dot{\omega}_d$ 和 $\ddot{\omega}_d$ 是有界的系统参考状态。此外，由于 $\|q_e\| = \|C\| = 1$，因此 q_{ev}、q_{e4} 和 C 及其导数是有界的。根据式（5.15），可以得出 $\dot{F}$ 是有界的。由假设 4 可得到控制量 u 及其导数是有界的，再结合 $\dot{F}$ 和 $\dot{\bar{d}}$ 有界的条件，可进一步得出 $\dot{G}$ 是有界的。结合以上讨论，最后可以得到 x_2 的导数是有界的。值得注意的是，F 包含了额外的不确定性，这是本章采用的事件驱动采样方案导致的异步信息造成的。因此，与文献 [3] 不同，本章在设计中将 F 视为附加扰动，作为扩张状态的一部分。

根据以上描述设计事件驱动扩张状态观测器（ET-ESO）：

$$\begin{cases} \dot{\hat{x}}_1(t) = \hat{x}_2(t) + g_1 \left[\frac{1}{\varepsilon}(\xi(t) - \hat{x}_1(t)) \right] + J_0^{-1} u, & \hat{x}_1(t_0) = \hat{x}_{10}, \\ \dot{\hat{x}}_2(t) = \frac{1}{\varepsilon} g_2 \left[\frac{1}{\varepsilon}(\xi(t) - \hat{x}_1(t)) \right], & \hat{x}_2(t_0) = \hat{x}_{20}. \end{cases} \tag{5.20}$$

上述观测器包含三个子观测器，$[\hat{x}_{1i}, \hat{x}_{2i}]^T \in \mathbb{R}^2$ 是第 i 个观测器的状态，$[\hat{x}_{1i0}, \hat{x}_{2i0}]^T \in \mathbb{R}^2$ 是 $[\hat{x}_{1i}, \hat{x}_{2i}]$ 的初始值，ε_i 是第 i 个观测器的高增益参数，$\frac{1}{\varepsilon} = \left\{ \frac{1}{\varepsilon_1}, \frac{1}{\varepsilon_2}, \frac{1}{\varepsilon_3} \right\}$。下标 i 表示状态向量的第 i 个元素，$i \in \{1, 2, 3\}$。在任意向量 $a = [a_1, a_2, a_3]^T \in \mathbb{R}^3$ 上的算子 $g_j(a) \in \mathbb{R}^3$，$g_j(a) = [g_{j1}(a_1), g_{j2}(a_2), g_{j3}(a_3)]^T, j \in \{1, 2\}$。$\xi(t)$ 表示先前接收到的输出测

量 x_1 :

$$\boldsymbol{\xi}(t) = \begin{cases} \boldsymbol{x}_1(t_k), & \Gamma(t) = 0, \\ \boldsymbol{x}_1(t), & \Gamma(t) = 1, \end{cases} \qquad (5.21)$$

式中， $\Gamma(t)$ ——触发条件，是 t_k 触发条件确定的传输瞬间。只有当 $\Gamma(t) = 1$ 时，才更新 $\boldsymbol{\xi}(t)$ 值。

对于第 i 个观测器， $g_{1i}(\cdot)$ 和 $g_{2i}(\cdot)$ 设计为 $g_{1i}(y_1) = b_i + \varphi(y_1)$ 和 $g_{2i}(y_1) = c_i y_1$, $\varphi(\theta)$ 定义为

$$\varphi(\theta) = \begin{cases} -\dfrac{1}{4}, & \theta < -\dfrac{\pi}{2}, \\ \dfrac{1}{4}\sin\theta, & -\dfrac{\pi}{2} \leqslant \theta \leqslant \dfrac{\pi}{2}, \\ \dfrac{1}{4}, & \theta > \dfrac{\pi}{2}. \end{cases} \qquad (5.22)$$

此外， b_i 和 c_i 为常数，矩阵 $\boldsymbol{A} := \begin{bmatrix} -b_i & 1 \\ -c_i & 0 \end{bmatrix}$ 是赫尔维兹矩阵，那么存在一个矩阵 $\overline{\boldsymbol{P}}$ 满足：

$$\overline{\boldsymbol{P}}\boldsymbol{A} + \boldsymbol{A}^{\mathrm{T}}\overline{\boldsymbol{P}} = -\boldsymbol{I}. \qquad (5.23)$$

将函数 $P_i : \mathbb{R}^2 \to \mathbb{R}$ 定义为 $P_i(y) = \langle \overline{\boldsymbol{P}}, \boldsymbol{y} \rangle + \int_0^{y_1} \varphi(s)\,\mathrm{d}s$ 。根据文献［4］可知，若选择上述形式的函数 g_{1i} 、 g_{2i} 和 φ ，并且 b_i 和 c_i 满足 $(1 + c_i)/b_i + b_i < 4$ ，则存在半正定函数 $\Theta_i : \mathbb{R}^2 \to \mathbb{R}$ ，满足：

$$\lambda_{1i}\|\boldsymbol{y}\|^2 \leqslant P_i(\boldsymbol{y}) \leqslant \lambda_{2i}\|\boldsymbol{y}\|^2, \qquad (5.24)$$

$$\lambda_{3i}\|\boldsymbol{y}\|^2 \leqslant \Theta_i(\boldsymbol{y}) \leqslant \lambda_{4i}\|\boldsymbol{y}\|^2, \qquad (5.25)$$

$$\frac{\partial P_i}{\partial y_1}(y_2 - g_{1i}(y_1)) - \frac{\partial P_i}{\partial y_2}g_{2i}(y_1) \leqslant -\Theta_i(\boldsymbol{y}), \qquad (5.26)$$

$$\left\| \frac{\partial P_i}{\partial \boldsymbol{y}} \right\| \leqslant \tau_i \|\boldsymbol{y}\|, \qquad (5.27)$$

式中， $\lambda_{1i}, \lambda_{2i}, \lambda_{3i}, \lambda_{4i}, \tau_i$ ——正常数。

三个子观测器中对应参数的最小值和最大值分别用下标 min 和 max 表示。例如， λ_{1i} 的最小值和最大值可以表示为 $\lambda_{1\min}$ 和 $\lambda_{1\max}$ 。 $\varphi(\theta)$ 的选择不是唯一的，只要满足上述要求即可。

为方便分析，定义 $\tilde{\boldsymbol{x}}_j$ 、 $\boldsymbol{e}_j$ 和 $\tilde{\boldsymbol{e}}_i$ 如下：

$$\begin{cases} \tilde{x}_j := x_j - \overline{x}_j, \\ e_j := [e_{j1}, e_{j2}, e_{j3}]^{\mathrm{T}} = \left[\dfrac{\tilde{x}_{j1}}{\varepsilon_1^{2-j}}, \dfrac{\tilde{x}_{j2}}{\varepsilon_2^{2-j}}, \dfrac{\tilde{x}_{j3}}{\varepsilon_3^{2-j}} \right]^{\mathrm{T}}, \quad j \in \{1,2\}, \quad (5.28) \\ \tilde{e}_i := [e_{1i}, e_{2i}]^{\mathrm{T}}, i \in \{1,2,3\}, \end{cases}$$

式中，$\tilde{e}_i$——由 e_1 和 e_2 的第 i 个元素组成，表示第 i 个观测器的观测误差。

将采样误差 $\sigma(t)$ 定义为 $\sigma(t) = \dfrac{1}{\varepsilon}(x_1(t_k) - x_1(t))$，$t \in [t_k, t_{k+1})$。为了简洁，定义 $\alpha_j(e_1, \sigma)$ 为 $\alpha_j(e_1, \sigma) = g_j(e_1, \sigma) - g_j(e_1)$，$j \in \{1,2\}$。

令 $\varepsilon_{\min}$ 与 $\varepsilon_{\max}$ 分别表示 $\{\varepsilon_1, \varepsilon_2, \varepsilon_3\}$ 中的最小值与最大值，设计的事件驱动观测器具有以下形式：

$$\Gamma(t) = \begin{cases} 0, & \displaystyle\sum_{i=1}^{3} \sum_{j=1}^{2} |\alpha_{ji}(e_{1i}, \sigma_i)| \leqslant \Psi \varepsilon_{\min}, \\ 1, & 其他, \end{cases} \quad (5.29)$$

式中，$\alpha_{ji}(\cdot)$——向量 $\alpha_j(\cdot)$ 的第 i 个元素；

Ψ——给定常数。

5.2.3　观测器收敛性分析

接下来，在以下定理中分析本章所提出的事件驱动状态估计的性能。

定理 5.1：考虑闭环式（式（5.10）和式（5.11））、观测器式（式（5.20）），对于任意初值的 x_1, x_2 和 $\hat{x}_1, \hat{x}_2$，给定 $\Psi > 0$，若假设 1～假设 4 成立，则存在 $\varepsilon_1^* > 0$ 和事件驱动条件（式（5.29）），对于任意 $\varepsilon_i \in (0, \varepsilon_1^*)$，$i \in \{1,2,3\}$，以及 $j \in \{1,2\}$，以下结论成立：

$$\lim_{t \to \infty} \sup \|x_j - \hat{x}_j\| \leqslant \varepsilon_{\max}^{2-j} \sqrt{\frac{3\varepsilon_{\max}^{\frac{1}{2}}}{2\gamma_1 \lambda_{1\min}} [(\tau M)_{\max} + (\tau \Psi)_{\max}]},$$

$$(5.30)$$

式中，$(\tau M)_{\max}, (\tau \Psi)_{\max}$——$\{\tau_i M_i\}$ 和 $\{\tau_i \Psi\}$ 的最大值，$i \in \{1,2,3\}$。

证明：根据式（5.19）、式（5.20）和式（5.28），可以得到：

$$\dot{\tilde{x}}_1 = x_2 - \hat{x}_2 - g_1 \left[\frac{1}{\varepsilon}(\xi(t) - \hat{x}_1(t)) \right]$$

$$= \tilde{x}_2 - g_1 \left[\frac{1}{\varepsilon}(x_1(t) - \hat{x}_1(t)) + \frac{1}{\varepsilon}(\xi(t) - x_1(t)) \right]$$

$$= \tilde{x}_2 - g_1(e_1(t)) - \alpha_1(e_1(t), \sigma(t)), \quad (5.31a)$$

$$\dot{\hat{x}}_2 = h(t) - g_2 \left[\frac{1}{\varepsilon} (\xi(t) - \hat{x}_1(t)) \right]$$

$$= h(t) - \frac{1}{\varepsilon} g_2(e_1(t)) - \frac{1}{\varepsilon} \alpha_2(e_1(t), \sigma(t)). \quad (5.31\text{b})$$

然后，通过简单的整理运算，可以得到 e_j 的动力学方程如下：

$$\begin{cases} \dot{e}_1(t) = \dfrac{1}{\varepsilon} e_2(t) - \dfrac{1}{\varepsilon} g_1(e_1(t)) - \dfrac{1}{\varepsilon} \alpha_1(e_1(t), \sigma(t)), \\[2mm] \dot{e}_2(t) = h(t) - \dfrac{1}{\varepsilon} g_2(e_1(t)) - \dfrac{1}{\varepsilon} \alpha_2(e_1(t), \sigma(t)). \end{cases} \quad (5.32)$$

考虑一个半正定函数 $V_1(e_1, e_2)$ 如下：

$$V_1(e_1, e_2) = \sum_{i=1}^{3} P_i(\tilde{e}_i), \quad (5.33)$$

式中，$P_i(\tilde{e}_i)$ 和 $\tilde{e}_i$ 的定义见式（5.24）和式（5.28）。

由式（5.33）可得：

$$\frac{\mathrm{d}V_1}{\mathrm{d}t} = \sum_{i=1}^{3} \frac{\partial P_i}{\partial e_{1i}} \dot{e}_{1i} + \sum_{i=1}^{3} \frac{\partial P_i}{\partial e_{2i}} \dot{e}_{2i}$$

$$= \sum_{i=1}^{3} \frac{\partial P_i}{\partial e_{1i}} \left(\frac{1}{\varepsilon_i} e_{2i}(t) - \frac{1}{\varepsilon_i} g_{1i}(e_{1i}(t)) - \frac{1}{\varepsilon_i} \alpha_{1i}(e_{1i}(t), \sigma_i(t)) \right) +$$

$$\sum_{i=1}^{3} \frac{\partial P_i}{\partial e_{2i}} \left(h_i(t) - \frac{1}{\varepsilon_i} g_{2i}(e_{1i}(t)) - \frac{1}{\varepsilon_i} \alpha_{2i}(e_{1i}(t), \sigma_i(t)) \right)$$

$$\leqslant \sum_{i=1}^{3} \left| \frac{\partial P_i}{\partial e_{2i}} \right| |h_i(t)| + \sum_{i=1}^{3} \frac{1}{\varepsilon_i} \left[\frac{\partial P_i}{\partial e_{1i}} (e_{2i} - g_{1i}(e_{1i})) - \frac{\partial P_i}{\partial e_{2i}} g_{2i}(e_{1i}) \right] -$$

$$\sum_{i=1}^{3} \frac{1}{\varepsilon_i} \left(\frac{\partial P_i}{\partial e_{1i}} \alpha_{1i}(e_{1i}, \sigma_i) + \frac{\partial P_i}{\partial e_{2i}} \alpha_{2i}(e_{1i}, \sigma_i) \right). \quad (5.34)$$

考虑式（5.25）和式（5.26）中函数 $P_i(\cdot)$ 和 $\Theta_i(\cdot)$ 的性质，可得：

$$\sum_{i=1}^{3} \frac{1}{\varepsilon_i} \left[\frac{\partial P_i}{\partial e_{1i}} (e_{2i} - g_{1i}(e_{1i})) - \frac{\partial P_i}{\partial e_{2i}} g_{2i}(e_{1i}) \right]$$

$$\leqslant - \sum_{i=1}^{3} \frac{1}{\varepsilon_i} \Theta(\tilde{e}_i)$$

$$\leqslant - \sum_{i=1}^{3} \frac{\lambda_{3i}}{\varepsilon_i} \| \tilde{e}_i \|^2$$

$$\leqslant - \frac{\lambda_{3\min}}{\varepsilon_{\max}} (\| e_1 \|^2 + \| e_2 \|^2). \quad (5.35)$$

根据式（5.27）和式（5.29），可以得到：

$$- \sum_{i=1}^{3} \frac{1}{\varepsilon_i} \left[\frac{\partial P_i}{\partial e_{1i}} \alpha_{1i}(e_{1i}, \sigma_i) + \frac{\partial P_i}{\partial e_{2i}} \alpha_{2i}(e_{1i}, \sigma_i) \right]$$

$$\leqslant \sum_{i=1}^{3} \frac{1}{\varepsilon_i} \left(\left| \frac{\partial P_i}{\partial e_{1i}} \alpha_{1i}(e_{1i}, \sigma_i) \right| + \left| \frac{\partial P_i}{\partial e_{2i}} \alpha_{2i}(e_{1i}, \sigma_i) \right| \right)$$

$$\leqslant \sum_{i=1}^{3} \frac{1}{\varepsilon_i} \tau_i \| \tilde{\boldsymbol{e}}_i \| \Psi \varepsilon_i$$

$$\leqslant \sum_{i=1}^{3} \frac{\tau_i \Psi}{2} \left(\varepsilon_{\max}^{-\frac{1}{2}} \| \tilde{\boldsymbol{e}}_i \|^2 + \varepsilon_{\max}^{\frac{1}{2}} \right)$$

$$\leqslant \frac{(\tau \Psi)_{\max}}{2} \left(\varepsilon_{\max}^{-\frac{1}{2}} \| \boldsymbol{e}_1 \|^2 + \varepsilon_{\max}^{-\frac{1}{2}} \| \boldsymbol{e}_2 \|^2 + 3\varepsilon_{\max}^{\frac{1}{2}} \right). \tag{5.36}$$

同样，根据假设 3，可以得到：

$$\sum_{i=1}^{3} \left| \frac{\partial P_i}{\partial e_{2i}} \right| | h_i(t) | \leqslant \sum_{i=1}^{3} \tau_i \| \tilde{\boldsymbol{e}}_i \| M_i$$

$$\leqslant \sum_{i=1}^{3} \frac{\tau_i M_i}{2} \left(\varepsilon_{\max}^{-\frac{1}{2}} \| \tilde{\boldsymbol{e}}_i \|^2 + \varepsilon_{\max}^{\frac{1}{2}} \right)$$

$$\leqslant \frac{(\tau M)_{\max}}{2} \left(\varepsilon_{\max}^{-\frac{1}{2}} \| \boldsymbol{e}_1 \|^2 + \varepsilon_{\max}^{-\frac{1}{2}} \| \boldsymbol{e}_2 \|^2 + 3\varepsilon_{\max}^{\frac{1}{2}} \right).$$

$$\tag{5.37}$$

结合式（5.32）～式（5.37）中获得的结果，最终得到：

$$\frac{\mathrm{d}V_1}{\mathrm{d}t} \leqslant - \frac{1}{\varepsilon_{\max}} \left[\lambda_{3\min} - \frac{(\tau M)_{\max} + (\tau \Psi)_{\max}}{2} \varepsilon_{\max}^{\frac{1}{2}} \right] \left(\| \boldsymbol{e}_1 \|^2 + \| \boldsymbol{e}_2 \|^2 \right) +$$

$$\frac{3}{2} \varepsilon_{\max}^{\frac{1}{2}} \left[(\tau M)_{\max} + (\tau \Psi)_{\max} \right]. \tag{5.38}$$

记：

$$\beta(\varepsilon_{\max}) := \lambda_{3\min} - \frac{(\tau M)_{\max} + (\tau \Psi)_{\max}}{2} \varepsilon_{\max}^{\frac{1}{2}}. \tag{5.39}$$

定义 ε_1^*：

$$\varepsilon_1^* = \max\{ \varepsilon_{\max} \in \mathbb{R} \mid \beta \geqslant 0, \varepsilon_{\max} > 0 \} \tag{5.40}$$

显然，当 $\varepsilon_{\max} \to 0$ 时，$\beta(\varepsilon_{\max}) > 0$，当 $\varepsilon_{\max} \to \infty$ 时，$\beta(\varepsilon_{\max}) < 0$，故 $(0, \varepsilon_1^*)$ 不为空。因此，对于 $\varepsilon_{\max} \in (0, \varepsilon_1^*)$，有

$$\frac{dV_1}{dt} \leqslant -\frac{\beta(\varepsilon_{\max})}{\varepsilon_{\max}}(\parallel \tilde{\boldsymbol{e}}_1 \parallel^2 + \parallel \tilde{\boldsymbol{e}}_2 \parallel^2 + \parallel \tilde{\boldsymbol{e}}_3 \parallel^2) + \frac{3}{2}\varepsilon_{\max}^{\frac{1}{2}}[(\tau M)_{\max} + (\tau\Psi)_{\max}]$$

$$\leqslant -\frac{\beta(\varepsilon_{\max})}{\varepsilon_{\max}\lambda_{2\max}}\sum_{i=1}^{3}P_i(\tilde{\boldsymbol{e}}_i) + \frac{3}{2}\varepsilon_{\max}^{\frac{1}{2}}[(\tau M)_{\max} + (\tau\Psi)_{\max}]. \quad (5.41)$$

此外，为简化表述，定义：

$$\gamma_1 := \frac{\beta(\varepsilon_{\max})}{\varepsilon_{\max}\lambda_{2\max}}, \quad (5.42)$$

$$\phi(t,t_0) := \exp[-\gamma_1(t-t_0)]. \quad (5.43)$$

那么，

$$\frac{dV_1}{dt} \leqslant -\gamma_1 V_1 + \frac{3}{2}\varepsilon_{\max}^{\frac{1}{2}}[(\tau M)_{\max} + (\tau\Psi)_{\max}]. \quad (5.44)$$

进而，由比较引理[5]可得：

$$V_1(\boldsymbol{e}_1(t),\boldsymbol{e}_2(t)) \leqslant V_1(\boldsymbol{e}_1(t_0),\boldsymbol{e}_2(t_0))\phi(t,t_0) +$$
$$\frac{3}{2\gamma_1}\varepsilon_{\max}^{\frac{1}{2}}[(\tau M)_{\max} + (\tau\Psi)_{\max}](1 - \phi(t,t_0)),$$

$$(5.45)$$

由于当 $t \to \infty$ 时，$\phi(t,t_0) \to 0$，故进一步可得：

$$V_1(\boldsymbol{e}_1,\boldsymbol{e}_2) \leqslant \frac{3}{2\gamma_1}\varepsilon_{\max}^{\frac{1}{2}}[(\tau M)_{\max} + (\tau\Psi)_{\max}]. \quad (5.46)$$

同时，由式（5.24）可得：

$$\lambda_{1\min}(\parallel \boldsymbol{e}_1 \parallel^2 + \parallel \boldsymbol{e}_2 \parallel^2) \leqslant V_1(\boldsymbol{e}_1,\boldsymbol{e}_2). \quad (5.47)$$

通过运算，对于 $j \in \{1,2\}$，可得：

$$\lim_{t\to\infty}\sup\parallel \boldsymbol{e}_j \parallel \leqslant \sqrt{\frac{3\varepsilon_{\max}^{\frac{1}{2}}}{2\gamma_1\lambda_{1\min}}[(\tau M)_{\max} + (\tau\Psi)_{\max}]}. \quad (5.48)$$

从 $\boldsymbol{e}_j$ 的定义可得：

$$\lim_{t\to\infty}\sup\parallel \boldsymbol{x}_j - \hat{\boldsymbol{x}}_j \parallel \leqslant \varepsilon_{\max}^{2-j}\sqrt{\frac{3\varepsilon_{\max}^{\frac{1}{2}}}{2\gamma_1\lambda_{1\min}}[(\tau M)_{\max} + (\tau\Psi)_{\max}]}. \quad (5.49)$$

因此，所提出的 ET - ESO 是收敛的。

定理得证。

5.2.4　事件驱动扩张状态观测器效果仿真验证

本节将通过数值仿真来验证所提出的事件驱动扩张状态观测器的理

论分析结果。考虑航天器模型式（5.1）、式（5.2）中的标称惯性矩阵形式如下：

$$J_0 = \begin{pmatrix} 20 & 1.2 & 0.9 \\ 1.2 & 17 & 1.4 \\ 0.9 & 1.4 & 15 \end{pmatrix}. \tag{5.50}$$

同时，惯性矩阵的参数不确定性和系统外部干扰分别描述为

$$\Delta J = \mathrm{diag}[\sin(0.1t), 2\sin(0.2t), 3\sin(0.3t)], \tag{5.51}$$

式中，惯性参数各分量的单位为 $\mathrm{kg \cdot m^2}$，系统外部干扰各分量的单位为 $\mathrm{N \cdot m^2}$。

$$d(t) = \mathrm{diag}[0.1\sin(0.1t), 0.2\sin(0.2t), 0.3\sin(0.2t)]^\mathrm{T}. \tag{5.52}$$

本节考虑正弦波和方波两种不同形式的期望角速度进行仿真验证。两组参数的所有初始值保持不变。初始单位四元数为 $q(0) = [0.3, -0.2, -0.3, 0.8832]^\mathrm{T}$，初始目标单位四元数为 $q_\mathrm{d}(0) = [0,0,0,1]^\mathrm{T}$，角速度的初始值为 $\omega(0) = [0,0,0]^\mathrm{T}$。式（5.20）中三个子观测器的参数选择相同，即对于 $i \in \{1,2,3\}$，$g_{1i}(y_1) = 2y_1 + \varphi(y_1)$ 和 $g_{2i}(y_1) = y_1$，高增益参数选择为 $\varepsilon_1 = \varepsilon_2 = \varepsilon_3 = 0.4$，事件驱动阈值 $\Psi = 0.1$。此外，本节将所提出的 ET-ESO 与经典时间触发的连续时间扩张状态观测器（CT-ESO）进行比较。

首先，针对正弦波形式的期望角速度进行仿真，形式如下：

$$\omega_\mathrm{d}(t) = 0.05\left[\sin\left(\frac{\pi t}{20}\right), \sin\left(\frac{2\pi t}{20}\right), \sin\left(\frac{3\pi t}{20}\right)\right]^\mathrm{T}. \tag{5.53}$$

式中，角速度各分量的单位为 rad/s。两种观测器观测系统状态 x_1 和 x_2 的结果分别如图 5.1 和图 5.2 所示。

接下来，通过仿真验证在期望角速度存在突变情形时观测器的观测性能。考虑方波形式的期望角速度如下：

$$\omega_\mathrm{d}(t) = \begin{cases} [0.05, 0.03, 0.02]^\mathrm{T}, & 2kT \leqslant t < (2k+1)T, \\ -[0.05, 0.03, 0.02]^\mathrm{T}, & (2k+1)T \leqslant t < (2k+2)T, \end{cases} \tag{5.54}$$

式中，T——转换周期，$T = 10\,\mathrm{s}$。

在方波形式下，系统初始状态、ESO 和事件驱动条件都与观测在正弦波形式下的期望角速度时一样，观测结果如图 5.3 和图 5.4 所示。

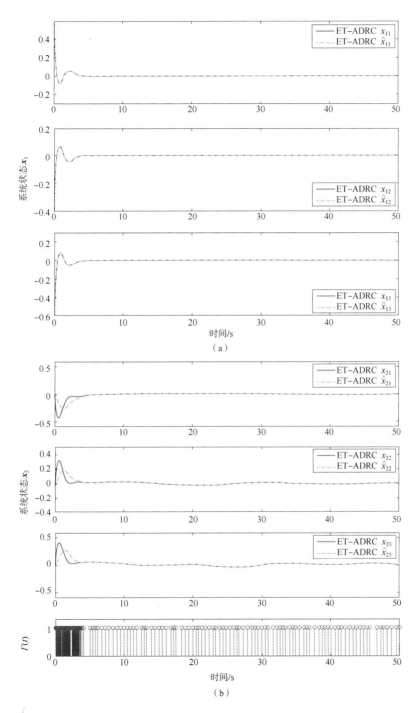

图 5.1　正弦波形式下事件驱动扩张状态观测器观测性能（附彩图）

（a）系统状态 x_1；（b）系统状态 x_2

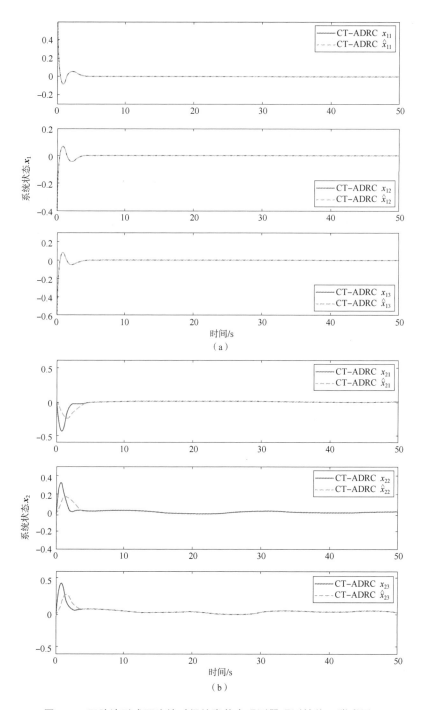

图 5.2　正弦波形式下连续时间扩张状态观测器观测性能（附彩图）

（a）系统状态 x_1；（b）系统状态 x_2

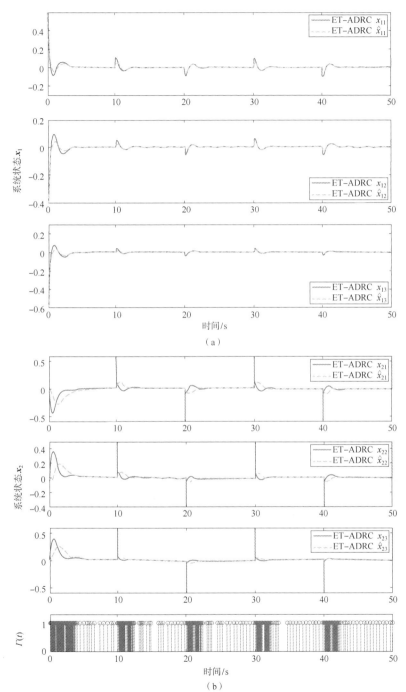

图 5.3　方波形式下事件驱动扩张状态观测器观测性能（附彩图）

（a）系统状态 x_1；（b）系统状态 x_2

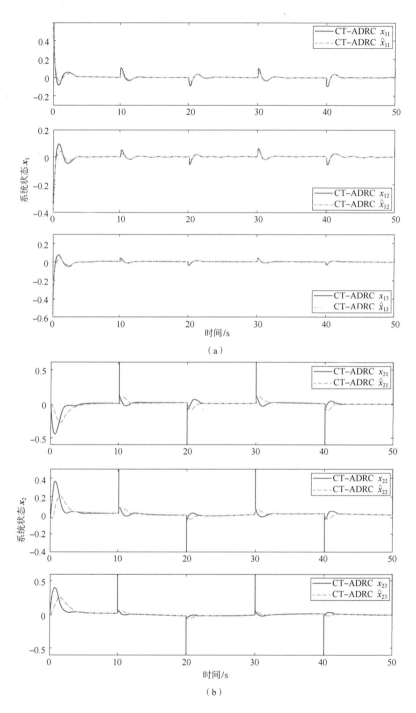

图 5.4 方波形式下连续时间扩张状态观测器观测性能（附彩图）

（a）系统状态 x_1；（b）系统状态 x_2

从图 5.3 和图 5.4 可以得出，在期望角速度为方波形式时，与正弦波形式的情况类似，ET – ESO 与 CT – ESO 在系统状态观测上都展现了其有效性，但相较 CT – ESO 而言，所提出的 ET – ESO 在容许范围内观测特性稍有下降，但大幅降低了系统的通信率。

|5.3　事件驱动自抗扰姿态控制器设计|

5.3.1　问题描述与控制器设计

上一节讨论了针对刚体航天器姿态跟踪系统的事件驱动的扩张观测器设计方法。如图 5.5 所示，本节在所设计的事件驱动扩张状态观测器基础上，设计对应的自抗扰控制器，并讨论控制器的闭环稳定性。

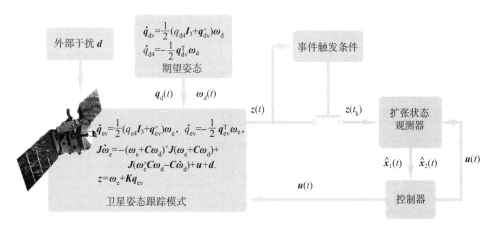

图 5.5　ET – ADRC 方案的示意图

自抗扰控制器的核心是将包括建模误差在内的扰动作为系统的一个扩张状态，并通过扩张状态观测器进行观测，然后在控制律中对其进行补偿，控制律可以设计为跟踪误差的线性反馈或非线性反馈。

在前述观测器估计状态的基础上，设计状态反馈控制律如下：

$$u = -J_0\tilde{K}\hat{x}_1 - J_0\hat{x}_2, \qquad (5.55)$$

式中，$\tilde{K} = \mathrm{diag}\{\tilde{K}_1, \tilde{K}_2, \tilde{K}_3\}$，$\tilde{K}_1, \tilde{K}_2, \tilde{K}_3$ 为正常数。

在此，我们将研究前一节中概述的问题。式（5.55）中的控制律 $\boldsymbol{u}$ 也可以表示如下：

$$\boldsymbol{u} = -\boldsymbol{J}_0\tilde{\boldsymbol{K}}\boldsymbol{x}_1 + \boldsymbol{J}_0\tilde{\boldsymbol{K}}(\boldsymbol{x}_1 - \hat{\boldsymbol{x}}_1) - \boldsymbol{J}_0\hat{\boldsymbol{x}}_2$$

$$= -\boldsymbol{J}_0\tilde{\boldsymbol{K}}\boldsymbol{x}_1 + \boldsymbol{J}_0\tilde{\boldsymbol{K}}\varepsilon\boldsymbol{e}_1 - \boldsymbol{J}_0\hat{\boldsymbol{x}}_2. \tag{5.56}$$

观测器及事件驱动条件见式（5.20）和式（5.29）。

5.3.2　控制器稳定性分析

由前述条件，可以得到定理 5.2。

定理 5.2：考虑闭环系统（式（5.10）和式（5.11））、观测器（式（5.20））、控制律（式（5.55））。若假设 1 ~ 3 成立，对于任意初值的 $\boldsymbol{x}_1$、$\boldsymbol{x}_2$ 和 $\hat{\boldsymbol{x}}_1$、$\hat{\boldsymbol{x}}_2$，给定 $\boldsymbol{\Psi} > 0$，存在 $\varepsilon_2^* > 0$ 和事件驱动条件（式（5.29）），则对于任意 $\varepsilon_i \in (0, \varepsilon_2^*)$，$i \in \{1,2,3\}$，以及 $j \in \{1,2\}$ 都有

$$\lim_{t\to\infty} \sup \|\boldsymbol{x}_j - \hat{\boldsymbol{x}}_j\| \leqslant \varepsilon_{\max}^{2-j}\sqrt{\frac{3\varepsilon_{\max}^{\frac{1}{2}}}{2\gamma_2\lambda_{1\min}}\lfloor(\tau M)_{\max} + (\tau\Psi)_{\max}\rfloor}, \tag{5.57}$$

$$\lim_{t\to\infty} \sup \|z\| \leqslant \sqrt{\frac{3\varepsilon_{\max}^{\frac{1}{2}}}{\gamma_2}[(\tau M)_{\max} + (\tau\Psi)_{\max}]}. \tag{5.58}$$

式中，$(\tau M)_{\max}$，$(\tau\Psi)_{\max}$——$\{\tau_iM_i\}$ 和 $\{\tau_i\Psi\}$ 的最大值，$i \in \{1,2,3\}$。

证明：由式（5.19）、式（5.20）和式（5.28），可得：

$$\begin{cases}\dot{\tilde{\boldsymbol{x}}}_1 = \boldsymbol{x}_2 - \hat{\boldsymbol{x}}_2 - \boldsymbol{g}_1\left[\frac{1}{\varepsilon}(\boldsymbol{\xi}(t) - \hat{\boldsymbol{x}}_1(t))\right] \\[2mm] \qquad = \tilde{\boldsymbol{x}}_2 - \boldsymbol{g}_1\left[\frac{1}{\varepsilon}(\boldsymbol{x}_1(t) - \hat{\boldsymbol{x}}_1(t)) + \frac{1}{\varepsilon}(\boldsymbol{\xi}(t) - \boldsymbol{x}_1(t))\right] \\[2mm] \qquad = \tilde{\boldsymbol{x}}_2 - \boldsymbol{g}_1(\boldsymbol{e}_1(t)) - \boldsymbol{\alpha}_1(\boldsymbol{e}_1(t), \boldsymbol{\sigma}(t)), \\[2mm] \dot{\tilde{\boldsymbol{x}}}_2 = \boldsymbol{h}(t) - \boldsymbol{g}_2\left[\frac{1}{\varepsilon}(\boldsymbol{\xi}(t) - \hat{\boldsymbol{x}}_1(t))\right] \\[2mm] \qquad = \boldsymbol{h}(t) - \frac{1}{\varepsilon}\boldsymbol{g}_2(\boldsymbol{e}_1(t)) - \frac{1}{\varepsilon}\boldsymbol{\alpha}_2(\boldsymbol{e}_1(t), \boldsymbol{\sigma}(t)). \end{cases} \tag{5.59}$$

然后，可以得到 $\boldsymbol{e}_j$ 的动力学方程如下：

$$\begin{cases}\dot{\boldsymbol{e}}_1(t) = \frac{1}{\varepsilon}\boldsymbol{e}_2(t) - \frac{1}{\varepsilon}\boldsymbol{g}_1(\boldsymbol{e}_1(t)) - \frac{1}{\varepsilon}\boldsymbol{\alpha}_1(\boldsymbol{e}_1(t), \boldsymbol{\sigma}(t)), \\[2mm] \dot{\boldsymbol{e}}_2(t) = \boldsymbol{h}(t) - \frac{1}{\varepsilon}\boldsymbol{g}_2(\boldsymbol{e}_1(t)) - \frac{1}{\varepsilon}\boldsymbol{\alpha}_2(\boldsymbol{e}_1(t), \boldsymbol{\sigma}(t)). \end{cases} \tag{5.60}$$

考虑一个半正定函数 $V_2(\boldsymbol{x}_1, \boldsymbol{e}_1, \boldsymbol{e}_2)$ 作为李雅普诺夫函数：

$$V_2(\boldsymbol{x}_1, \boldsymbol{e}_1, \boldsymbol{e}_2) = \frac{1}{2}\boldsymbol{x}_1^{\mathrm{T}}\boldsymbol{x}_1 + \sum_{i=1}^{3}P_i(\tilde{\boldsymbol{e}}_i). \tag{5.61}$$

由式（5.60）和式（5.61）可得：

$$\frac{\mathrm{d}V_2}{\mathrm{d}t} = \boldsymbol{x}_1^{\mathrm{T}}\dot{\boldsymbol{x}}_1 + \sum_{i=1}^{3}\frac{\partial P_i}{\partial e_{1i}}\dot{e}_{1i} + \sum_{i=1}^{3}\frac{\partial P_i}{\partial e_{2i}}\dot{e}_{2i}$$

$$= \boldsymbol{x}_1^{\mathrm{T}}\dot{\boldsymbol{x}}_1 + \sum_{i=1}^{3}\frac{\partial P_i}{\partial e_{1i}}\Big(\frac{1}{\varepsilon_i}e_{2i}(t) - \frac{1}{\varepsilon_i}g_{1i}(e_{1i}(t)) - \frac{1}{\varepsilon_i}\alpha_{1i}(e_{1i}(t),\sigma_i(t))\Big) +$$

$$\sum_{i=1}^{3}\frac{\partial P_i}{\partial e_{2i}}\Big(h_i(t) - \frac{1}{\varepsilon_i}g_{2i}(e_{1i}(t)) - \frac{1}{\varepsilon_i}\alpha_{2i}(e_{1i}(t),\sigma_i(t))\Big)$$

$$\leqslant \boldsymbol{x}_1^{\mathrm{T}}\dot{\boldsymbol{x}}_1 + \sum_{i=1}^{3}\Big|\frac{\partial P_i}{\partial e_{2i}}\Big||h_i(t)| + \sum_{i=1}^{3}\frac{1}{\varepsilon_i}\Big(\frac{\partial P_i}{\partial e_{1i}}(e_{2i} - g_{1i}(e_{1i}(t))) - \frac{\partial P_i}{\partial e_{2i}}g_{2i}(e_{1i})\Big) -$$

$$\sum_{i=1}^{3}\frac{1}{\varepsilon_i}\Big(\frac{\partial P_i}{\partial e_{1i}}\alpha_{1i}(e_{1i},\sigma_i) + \frac{\partial P_i}{\partial e_{2i}}\alpha_{2i}(e_{1i},\sigma_i)\Big). \tag{5.62}$$

根据式（5.19）和式（5.56），可得：

$$\boldsymbol{x}_1^{\mathrm{T}}\dot{\boldsymbol{x}}_1 = \boldsymbol{x}_1^{\mathrm{T}}\big[\boldsymbol{x}_2 - \tilde{\boldsymbol{K}}\boldsymbol{x}_1 + \tilde{\boldsymbol{K}}(\boldsymbol{x}_1 - \hat{\boldsymbol{x}}_1) - \hat{\boldsymbol{x}}_2\big]$$

$$= \boldsymbol{x}_1^{\mathrm{T}}(-\tilde{\boldsymbol{K}}\boldsymbol{x}_1 + \tilde{\boldsymbol{K}}\varepsilon e_1 + e_2)$$

$$\leqslant -\tilde{K}_{\min}\|\boldsymbol{x}_1\|^2 + \tilde{K}_{\max}\varepsilon_{\max}\|\boldsymbol{x}_1\|\|\boldsymbol{e}_1\| + \|\boldsymbol{x}_1\|\|\boldsymbol{e}_2\|$$

$$\leqslant -\tilde{K}_{\min}\|\boldsymbol{x}_1\|^2 + \frac{1}{2}\tilde{K}_{\max}^2\varepsilon_{\max}^{\frac{5}{2}}\|\boldsymbol{x}_1\|^2 + \varepsilon_{\max}^{-\frac{1}{2}}\|\boldsymbol{e}_1\|^2) +$$

$$\frac{1}{2}(\varepsilon_{\max}^{\frac{1}{2}}\|\boldsymbol{x}_1\|^2 + \varepsilon_{\max}^{-\frac{1}{2}}\|\boldsymbol{e}_2\|^2). \tag{5.63}$$

由式（5.26）和式（5.27），可得：

$$\sum_{i=1}^{3}\frac{1}{\varepsilon_i}\Big[\frac{\partial P_i}{\partial e_{1i}}(e_{2i} - g_{1i}(e_{1i})) - \frac{\partial P_i}{\partial e_{2i}}g_{2i}(e_{1i})\Big]$$

$$\leqslant -\sum_{i=1}^{3}\frac{1}{\varepsilon_i}\Theta(\tilde{e}_i) \leqslant -\sum_{i=1}^{3}\frac{\lambda_{3i}}{\varepsilon_i}\|\tilde{e}_i\|^2 \leqslant -\frac{\lambda_{3\min}}{\varepsilon_{\max}}(\|\boldsymbol{e}_1\|^2 + \|\boldsymbol{e}_2\|^2). \tag{5.64}$$

根据式（5.26）和式（5.29），可得：

$$-\sum_{i=1}^{3}\frac{1}{\varepsilon_i}\Big(\frac{\partial P_i}{\partial e_{1i}}\alpha_{1i}(e_{1i},\sigma_i) + \frac{\partial P_i}{\partial e_{2i}}\alpha_{2i}(e_{1i},\sigma_i)\Big)$$

$$\leqslant \sum_{i=1}^{3}\frac{1}{\varepsilon_i}\Big(\Big|\frac{\partial P_i}{\partial e_{1i}}\alpha_{1i}(e_{1i},\sigma_i)\Big| + \Big|\frac{\partial P_i}{\partial e_{2i}}\alpha_{2i}(e_{1i},\sigma_i)\Big|\Big)$$

$$\leqslant \sum_{i=1}^{3}\frac{1}{\varepsilon_i}\tau_i\|\tilde{e}_i\|\Psi\varepsilon_i \leqslant \sum_{i=1}^{3}\frac{\tau_i\Psi}{2}(\varepsilon_{\max}^{-\frac{1}{2}}\|\tilde{e}_i\|^2 + \varepsilon_{\max}^{\frac{1}{2}})$$

$$\leqslant \frac{(\tau\Psi)_{\max}}{2}(\varepsilon_{\max}^{-\frac{1}{2}}\|\boldsymbol{e}_1\|^2 + \varepsilon_{\max}^{-\frac{1}{2}}\|\boldsymbol{e}_2\|^2 + 3\varepsilon_{\max}^{\frac{1}{2}}). \tag{5.65}$$

同样，根据假设 3，可得：

$$\sum_{i=1}^{3} \left| \frac{\partial P_i}{\partial e_{2i}} \right| |h_i(t)| \leq \sum_{i=1}^{3} \tau_i \| \tilde{e}_i \| M_i$$

$$\leq \sum_{i=1}^{3} \frac{\tau_i M_i}{2} (\varepsilon_{\max}^{-\frac{1}{2}} \| \tilde{e}_i \|^2 + \varepsilon_{\max}^{\frac{1}{2}})$$

$$\leq \frac{(\tau M)_{\max}}{2} (\varepsilon_{\max}^{-\frac{1}{2}} \| e_1 \|^2 + \varepsilon_{\max}^{-\frac{1}{2}} \| e_2 \|^2 + 3 \varepsilon_{\max}^{\frac{1}{2}}).$$

$$(5.66)$$

结合式（5.60）~式（5.66）中获得的结果，最终得到：

$$\begin{cases} \dfrac{\mathrm{d}V_2}{\mathrm{d}t} \leq - \dfrac{1}{\varepsilon_{\max}} \left[\lambda_{3\min} - \dfrac{(\tau M)_{\max} + (\tau \Psi)_{\max}}{2} \varepsilon_{\max}^{\frac{1}{2}} - \dfrac{1}{2} \varepsilon_{\max}^{\frac{1}{2}} \right] (\| e_1 \|^2 + \| e_2 \|^2) - \\ \qquad (\tilde{K}_{\min} - \dfrac{1}{2} \varepsilon_{\max}^{\frac{1}{2}} - \dfrac{\tilde{K}_{\max}^2}{2} \varepsilon_{\max}^{\frac{5}{2}}) \| x_1 \|^2 + \dfrac{3}{2} \varepsilon_{\max}^{\frac{1}{2}} [(\tau M)_{\max} + (\tau \Psi)_{\max}], \\ \beta_1 := \tilde{K}_{\min} - \dfrac{1}{2} \varepsilon_{\max}^{\frac{1}{2}} - \dfrac{\tilde{K}_{\max}^2}{2} \varepsilon_{\max}^{\frac{5}{2}}, \\ \beta_2 := \lambda_{3\min} - \dfrac{(\tau M)_{\max} + (\tau \Psi)_{\max}}{2} \varepsilon_{\max}^{\frac{1}{2}} - \dfrac{1}{2} \varepsilon_{\max}^{\frac{1}{2}}. \end{cases}$$

$$(5.67)$$

并将 ε_2^* 定义为

$$\varepsilon_2^* = \max \{ \varepsilon_{\max} \in \mathbb{R} \, | \, \beta_1 \geq 0, \beta_2 \geq 0, \varepsilon_{\max} > 0 \}. \qquad (5.68)$$

显然，β_1 和 β_2 是 $\varepsilon_{\max}$ 的单调递减函数，$\lim\limits_{\varepsilon_{\max} \to 0} \beta_1 > 0$，$\lim\limits_{\varepsilon_{\max} \to 0} \beta_2 > 0$，当 $\varepsilon_{\max}$ 足够大时，$\beta_1 < 0, \beta_2 < 0$。因此，$(0, \varepsilon_2^*)$ 不为空。在 $\varepsilon_{\max} \in (0, \varepsilon_2^*)$，可得：

$$\frac{\mathrm{d}V_2}{\mathrm{d}t} \leq - \beta_1 \| x_1 \|^2 - \frac{\beta_2}{\varepsilon_{\max}} (\| \tilde{e}_1 \|^2 + \| \tilde{e}_2 \|^2 + \| \tilde{e}_3 \|^2) +$$

$$\frac{3}{2} \varepsilon_{\max}^{\frac{1}{2}} [(\tau M)_{\max} + (\tau \Psi)_{\max}]$$

$$\leq - 2\beta_1 \frac{1}{2} x_1^{\mathrm{T}} x_1 - \frac{\beta_2}{\varepsilon_{\max} \lambda_{2\max}} \sum_{i=1}^{3} P_i(\tilde{e}_i) +$$

$$\frac{3}{2} \varepsilon_{\max}^{\frac{1}{2}} [(\tau M)_{\max} + (\tau \Psi)_{\max}].$$

$$(5.69)$$

此外，定义：

$$\begin{cases} \gamma_2 := \min\left\{2\beta_1, \dfrac{\beta_2}{\varepsilon_{\max}\lambda_{2\max}}\right\}, \\ \phi(t,t_0) := \exp(-\gamma(t-t_0)). \end{cases} \tag{5.70}$$

那么 $\dfrac{\mathrm{d}V_2}{\mathrm{d}t}$ 可以重写为

$$\frac{\mathrm{d}V_2}{\mathrm{d}t} \leqslant -\gamma_2 V_2 + \frac{3}{2}\varepsilon_{\max}^{\frac{1}{2}}\left[(\tau M)_{\max} + (\tau \Psi)_{\max}\right]. \tag{5.71}$$

由式（5.56）可知 $V_2 \geqslant 0$，由比较引理可以得到：

$$V_2(\boldsymbol{x}_1(t), \boldsymbol{e}_1(t), \boldsymbol{e}_2(t)) \leqslant W(t), \tag{5.72}$$

式中，$W(t)$ 是如下微分方程的解：

$$\begin{cases} \dot{W} = -\gamma_2 W + \dfrac{3}{2}\varepsilon_{\max}^{\frac{1}{2}}\left[(\tau M)_{\max} + (\tau \Psi)_{\max}\right], \\ W(t_0) = V_2(\boldsymbol{x}_1(t_0), \boldsymbol{e}_1(t_0), \boldsymbol{e}_2(t_0)). \end{cases} \tag{5.73}$$

解式（5.73）中的微分方程，可得：

$$W(t) = V_2(\boldsymbol{x}_1(t_0), \boldsymbol{e}_1(t_0), \boldsymbol{e}_2(t_0))\phi(t,t_0) +$$
$$\frac{3}{2}\varepsilon_{\max}^{\frac{1}{2}}\left[(\tau M)_{\max} + (\tau \Psi)_{\max}\right]\int_{t_0}^{t}\phi(t,v)\,\mathrm{d}v. \tag{5.74}$$

然后，可得：

$$V_2(\boldsymbol{x}_1(t), \boldsymbol{e}_1(t), \boldsymbol{e}_2(t)) \leqslant W(t)$$
$$\leqslant V_2(\boldsymbol{x}_1(t_0), \boldsymbol{e}_1(t_0), \boldsymbol{e}_2(t_0))\phi(t,t_0) +$$
$$\frac{3}{2\gamma_2}\varepsilon_{\max}^{\frac{1}{2}}\left[(\tau M)_{\max} + (\tau \Psi)_{\max}\right](1-\phi(t,t_0)). \tag{5.75}$$

因为当 $t \to \infty$ 时，$\phi(t,t_0) \to 0$，可以得到：

$$V_2(\boldsymbol{x}_1, \boldsymbol{e}_1, \boldsymbol{e}_2) \leqslant \frac{3}{2\gamma_2}\varepsilon_{\max}^{\frac{1}{2}}\left[(\tau M)_{\max} + (\tau \Psi)_{\max}\right]. \tag{5.76}$$

利用式（5.63）中的关系，可以得到：

$$\frac{1}{2}\|\boldsymbol{x}_1\| + \lambda_{1\min}(\|\boldsymbol{e}_1\|^2 + \|\boldsymbol{e}_2\|^2) \leqslant V_2(\boldsymbol{x}_1, \boldsymbol{e}_1, \boldsymbol{e}_2). \tag{5.77}$$

从式（5.71）和式（5.72），可以观察到：

$$\lim_{t \to \infty}\sup\|\boldsymbol{z}\| = \lim_{t \to \infty}\sup\|\boldsymbol{x}_1\| \leqslant \sqrt{\frac{3\varepsilon_{\max}^{\frac{1}{2}}}{\gamma_2}\left[(\tau M)_{\max} + (\tau \Psi)_{\max}\right]}. \tag{5.78}$$

同样，对于 $j \in \{1,2\}$，可得：

$$\lim_{t \to \infty} \sup \| \boldsymbol{e}_j \| \leq \sqrt{\frac{3\varepsilon_{\max}^{\frac{1}{2}}}{2\gamma_2\lambda_{1\min}}[(\tau M)_{\max} + (\tau \Psi)_{\max}]}. \quad (5.79)$$

从 $\boldsymbol{e}_j$ 的定义来看，有：

$$\lim_{t \to \infty} \sup \| \boldsymbol{x}_j - \hat{\boldsymbol{x}}_j \| \leq \varepsilon_{\max}^{2-j}\sqrt{\frac{3\varepsilon_{\max}^{\frac{1}{2}}}{2\gamma_2\lambda_{1\min}}[(\tau M)_{\max} + (\tau \Psi)_{\max}]}. \quad (5.80)$$

定理得证。

　　式（5.20）中的扩张状态观测器，式（5.50）中的控制律，式（5.29）中提出的事件驱动机制可以保证观测误差的渐近有界性，并且镇定式（5.14）中系统。由引理 5.1 和引理 5.2 可知，式（5.14）中系统的稳定性意味着在存在参数不确定性和未知扰动的情况下，由式（5.1）、式（5.2）描述的刚性航天器系统的状态可以跟踪给定的期望姿态运动。此外，由式（5.73）和式（5.75）可知，在正确选择 ε_i 和 Ψ 值的情况下，即使扩张状态的导数未知，系统状态 z 和观测误差仍可以收敛于 0 附近的任意小处。设计的算子 g_{ji}，$j \in \{1,2\}$ 和 $\varphi(\theta)$ 满足式（5.23）~式（5.27），从而保证了第 i 个观测器输入的状态稳定性。函数 $\varphi(\theta)$ 是观测器的非线性部分。式（5.29）中提出的事件驱动条件与采样误差值 $\boldsymbol{\sigma}(t)$ 和 Ψ 有关。只有当 $\boldsymbol{\sigma}(t)$ 足够大时，$\boldsymbol{\xi}(t)$ 的值才会更新，进而降低数据传输成本。Ψ 越大，触发条件就越松弛，传输成本就越低。此外，可以根据式（5.73）和式（5.75）中的定量关系调整参数 Ψ 的值改变系统性能。

5.3.3　事件驱动自抗扰控制器效果验证

　　在本节中，通过数值仿真，验证了所提出的事件驱动控制方案的有效性。考虑航天器模型（式（5.1）、式（5.2））中的标称惯性矩阵形式如下：

$$\boldsymbol{J}_0 = \begin{pmatrix} 20 & 1.2 & 0.9 \\ 1.2 & 17 & 1.4 \\ 0.9 & 1.4 & 15 \end{pmatrix}. \quad (5.81)$$

　　此外，惯性矩阵的参数不确定性描述为

$$\Delta \boldsymbol{J} = \mathrm{diag}[\sin(0.1t), 2\sin(0.2t), 3\sin(0.3t)]. \quad (5.82)$$

外部干扰描述为

$$\boldsymbol{d}(t) = \mathrm{diag}[0.1\sin(0.1t), 0.2\sin(0.2t), 0.3\sin(0.2t)]^{\mathrm{T}}.$$

$$(5.83)$$

用正弦波和方波两种不同形式的期望角速度进行了仿真验证。此外，两组参数的所有初始值保持不变。最初的单位四元数的姿态定向为 $\boldsymbol{q}(0) = [0.3, -0.2, -0.3, 0.8832]^T$，初始目标单位四元数为 $\boldsymbol{q}_d(0) = [0,0,0,1]^T$。角速度的初始值为 $\boldsymbol{\omega}(0) = [0,0,0]^T$。为了体现本算法的控制性能，除了 ET-ADRC 控制器外，还为每组设计了一个时间触发的连续时间自抗扰（CT-ADRC）控制器用于对比，在仿真中，控制器通过差分近似实现，采样时间 $t_s = 0.001$ s。为评估系统的跟踪性能，定义角速度的跟踪误差 E_v、单位四元数跟踪误差 E_q 和平均采样时间 T_A 如下：

$$
\begin{cases}
E_v = \dfrac{1}{3T} \displaystyle\int_0^T \sum_{i=1}^3 |\omega_i - \omega_{di}| \, \mathrm{d}t, \\[2mm]
E_q = \dfrac{1}{4T} \displaystyle\int_0^T \sum_{i=1}^4 |q_i - q_{di}| \, \mathrm{d}t,
\end{cases}
\tag{5.84}
$$

$$
T_A =
\begin{cases}
10, & \text{CT-ADRC}, \\[2mm]
\dfrac{T}{N_s}, & \text{ET-ADRC},
\end{cases}
\tag{5.85}
$$

式中，下标 d——期望状态；

下标 i——向量状态的第 i 个元素；

T——总仿真时间，ms；

N_s——一次仿真中的总触发计数。

此外，由于姿态控制中的能量消耗是一项重要指标，因此本节将根据如下能耗模型[6]对时间触发方法和事件驱动方法之间的能耗进行比较分析：

$$
E_c = \sum_{k=1}^N \sum_{i=1}^3 \left| \frac{1}{2}\omega_i^2(k) - \frac{1}{2}\omega_i^2(k-1) \right|,
\tag{5.86}
$$

式中，$\omega_i(k)$——第 k 步的第 i 个角速度；

N——整个仿真中的总时间步数。

此外，由于航天器的质量不影响比较结果，因此在式（5.86）中未予考虑。

1. 正弦波形式的期望角速度

本节模拟了具有正弦角速度的航天器姿态跟踪问题。期望角速度的形式如下：

$$
\boldsymbol{\omega}_d(t) = 0.05 \left[\sin\left(\frac{\pi t}{20}\right), \sin\left(\frac{2\pi t}{20}\right), \sin\left(\frac{3\pi t}{20}\right) \right]^T.
\tag{5.87}
$$

不失一般性，式（5.20）中三个子观测器的参数选择相同，即对于任何 $i \in \{1,2,3\}$，$g_{1i}(y_1) = 2y_1 + \varphi(y_1)$ 和 $g_{2i}(y_1) = y_1$。高增益参数选择为 $\varepsilon_1 = \varepsilon_2 = \varepsilon_3 = 0.4$。式（5.11）中的参数 $K = 2I_3$，式（5.50）中的参数 $\tilde{K} = 4I_3$。

本节在相同条件下进行了两种采样周期（1 ms 和 400 ms）的时间触发自抗扰控制的数值仿真，以及两种平均采样周期（101 ms 和 402 ms）事件驱动自抗扰控制的数值仿真，不同的平均采样周期可通过调整事件驱动参数 Ψ 实现。图 5.6 和图 5.7 所示分别为采样周期为 1 ms 的 CT – ADRC 方案和 $\Psi = 0.1$ 的 ET – ADRC 方案的姿态四元数和角速度的跟踪结果。跟踪误差 E_v、E_q，平均采样时间 T_A 和能耗（QEC）E_c 计算结果比较如表 5.1 所示。从表 5.1 中可以看出，与时间触发控制的小采样周期（1 ms）相比，所提出的事件驱动方案可以在更小的平均采样率下保持类似的控制性能和几乎相同的能耗。此外，当采样周期都增加到更大的值（约 400 ms）时，事件驱动方案具有更小的能耗。这意味着 ET – ADRC 方案在某些极端情况（如传感器故障或通信带宽异常）下更节能。

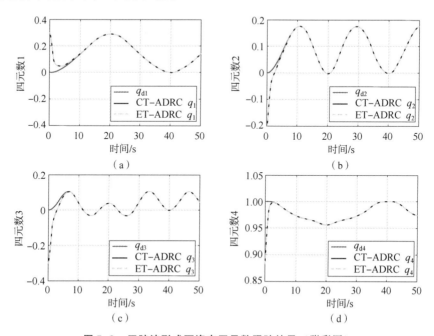

图 5.6　正弦波形式下姿态四元数跟踪结果（附彩图）

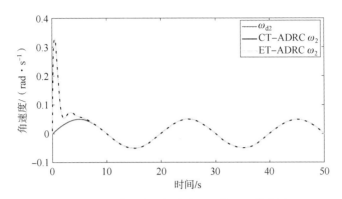

图 5.7　正弦波形式下角速度跟踪结果（附彩图）

表 5.1　正弦波形式下两种控制方案的性能比较

模拟方案	T_A	E_v	E_q	E_c
CT – ADRC	1 ms	0.0115	0.0059	0.58
	400 ms	0.0407	0.0073	3.41
ET – ADRC	101.21 ms（$\Psi = 0.1$）	0.0122	0.0059	0.59
	402.13 ms（$\Psi = 2.5$）	0.0268	0.0075	0.84

对于 $\Psi = 0.1$ 的 ET – ADRC 方案，本节进一步比较分析了不确定性对跟踪误差和平均输入信号的影响。仿真中考虑的不确定性主要包括外部干扰和惯性矩阵参数的不确定性，仿真结果如表 5.2 所示。由表 5.2 可知，与没有不确定性的情况相比，具有不确定性的 ET – ADRC 方案具有类似的跟踪性能，但需要更大的输入信号，这是由自抗扰控制器本身的抗扰能力导致的。ET – ADRC 方案需要产生较大的输入信号，补偿不确定性对系统的影响。

表 5.2　不确定度对 $\Psi = 0.1$ 的 ET – ADRC 控制性能的影响

参考信号	模拟场	平均输入信号/（N·m）	E_v	E_q
正弦波形式	不确定性	1.49	0.0122	0.0059
	无不确定性	1.35	0.0123	0.0059
方波形式	不确定性	1.90	0.0158	0.0063
	无不确定性	1.67	0.0157	0.0063

系统控制性能在很大程度上取决于参数的选择，尤其是控制律中的 $\tilde{\boldsymbol{K}}$，ESO 中的 ε_i 和 $\boldsymbol{\Psi}$，以及事件驱动条件的选择。较大的 $\boldsymbol{\Psi}$ 可以减少资源消耗，降低平均采样率，但可能导致较大的观测误差，从而造成更大的跟踪误差。一个较小的 ε_i 可以加快子观测器的收敛速度，减少不希望的颤振，但会导致更大的控制输入和能量消耗。更大的 $\tilde{\boldsymbol{K}}$ 可以提高姿态跟踪性能，减少不希望的颤振，但也会导致较大的控制输入。

2. 方波形式的期望角速度

本节模拟航天器在期望角速度突变时的姿态跟踪问题。考虑方波形式的期望角速度如下：

$$\begin{cases} \boldsymbol{\omega}_{\mathrm{d}}(t) = [\,0.05\,,0.03\,,0.02\,]^{\mathrm{T}}, & 2kT \leqslant t < (2k+1)T, \\ \boldsymbol{\omega}_{\mathrm{d}}(t) = -[\,0.05\,,0.03\,,0.02\,]^{\mathrm{T}}, & (2k+1)T \leqslant t < (2k+2)T, \end{cases}$$

$$(5.88)$$

式中，T —— 转换周期，$T = 10$ s。

两种方案所需的参数、系统初始状态、ESO 和事件驱动条件都与前述一致。表 5.2 总结了不确定性对 ET – ADRC 方案影响的比较分析结果。在不同平均采样周期（T_{A}）下，ET – ADRC 和 CT – ADRC 方案的跟踪误差（E_{v}，E_{q}）、以及能耗 QEC（E_{c}）的仿真结果如表 5.3 所示。两种方案的跟踪结果如图 5.8、图 5.9 所示。与前一小节的仿真结果相似，与 CT – ADRC 方案相比，所提出的 ET – ADRC 方案在姿态四元数和角速度跟踪以及能耗方面实现了类似的性能，但降低了采样率。此外，随着平均采样次数的增加，CT – ADRC 方案的控制性能变得不如 ET – ADRC 方案，而 ET – ADRC 方案不仅能够实现较好的角速度跟踪，而且具有更低的采样率和能耗。

表 5.3　方波形式下两种控制方案的性能比较

模拟方案	T_{A}	E_{v}	E_{q}	E_{c}
CT – ADRC	1 ms	0.0152	0.0063	0.60
	400 ms	0.0575	0.0094	3.77
ET – ADRC	60.90 ms（$\boldsymbol{\Psi} = 0.1$）	0.0158	0.0063	0.61
	401.52 ms（$\boldsymbol{\Psi} = 2.5$）	0.0402	0.0092	1.16

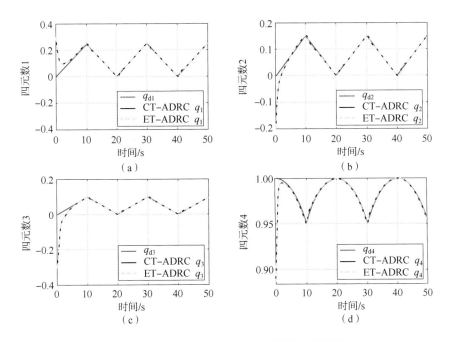

图 5.8　方波形式下姿态四元数跟踪结果（附彩图）

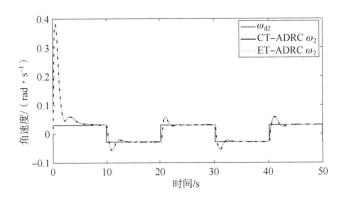

图 5.9　方波形式下角速度跟踪结果（附彩图）

|5.4　事件驱动姿态控制技术应用分析|

姿轨控制系统承担姿态控制、自主工作、自主故障诊断与处理等功能，其控制逻辑和算法十分复杂，而其正常工作与否又直接关系到整个卫星能否正常运行。因此，高精度、高可靠、高自主是对其的主要要求。对于通信卫星而言，往往在星载计算机上对姿轨控制逻辑进行计算分析，并通过总线控制相关执行机构。但是通信卫星通常运行在 GEO 轨道，空间环境因素会大大提高在轨故障概率，飞行经验表明，地球静止卫星 40% 的故障是由环境因素造成的[7]。相较于传统的姿态控制算法，自抗扰控制能够在不基于模型的基础上实现对外部扰动及不确定性的有效补偿，并完成对卫星姿态的高精度控制，因而具有广阔的应用前景。

事件驱动的核心思想是，通过设计合适的事件驱动条件，实现在保证系统原有性能的基础上，降低控制器或估计器的通信频率。对于通信卫星而言，在系统设计阶段，会预先考虑整星的带宽使用，从而在设计时充分预留出相关任务所需的带宽。事件驱动机制的优势主要有以下几方面：首先，事件驱动机制能够有效降低卫星姿态估计与控制的带宽需求，从而在系统设计阶段降低带宽需求比例，为其他载荷的使用节省出带宽空间；其次，对于预留出足够带宽的系统，事件驱动机制的引入能够提高带宽的使用效率，提高有限带宽下并行任务的数量；最后，事件驱动机制的引入也能节省星载计算机的计算资源，降低系统能耗，提高卫星的总体寿命。

|5.5　小　结|

本章首先对卫星姿态跟踪控制系统进行了分析，采用四元数的方法描述卫星的姿态运动。针对卫星姿态控制问题，考虑刚性航天器动力学与运动学模型，设计事件驱动的扩张状态观测器。通过设计相应的事件驱动条件来降低测量信号的传输率。同时，通过理论推导，证明观测误差的有界性，保证观测器的性能。之后，根据所设计的事件驱动扩张状态观测器，设计自抗扰控制器，通过理论证明控制器的稳定性，通过数值仿真给定正弦波与方波的跟踪信号，通过对比时间触发的方法验证所设计的观测器与控制器的有效性。仿真结果显示，所设计的事件驱动扩张状态观测器与自抗扰控制器能够实现对卫星姿态系统状态的观测与控制。最后，本章针对算法的系统应用进行了讨论，分析了所设计算法的优缺点及其在工程实践中可能遇到的问题，为未来相关算法的落地奠定了基础。

| 参考文献 |

［1］ 王鹏. 基于星载敏感器的卫星自主导航及姿态确定方法研究 ［D］. 哈尔滨：哈尔滨工业大学，2008.

［2］ 凌晓冬，武小悦，刘冰，等. 卫星测控资源调度 CSP 模型研究 ［J］. 系统工程与电子技术，2012，34 （11）：2275－2279.

［3］ XIA Y Q, ZHU Z, FU M Y, et al. Attitude tracking of rigid spacecraft with bounded disturbances ［J］. IEEE Transactions on Industrial Electronics, 2011, 58 （2）：647－659.

［4］ CAI D H, ZOU H G, WANG J Z, et al. Supplementary discussions on event － triggered attitude tracking for rigid spacecraft ［EB/OL］. https：//www. researchgate. net/publication/359392027_Supplementary_discussionspdf.

［5］ KHALIL H K. Nonlinear Systems ［M］. Upper Saddle River：Prentice Hall, 2002.

［6］ LI P, YUE X K, CHI X B, et al. Optimal relative attitude tracking control for spacecraft proximity operation ［C］//The 25th Chinese Control and Decision Conference, Guiyang, 2013：4582－4587.

［7］ CROUCH P. Spacecraft attitude control and stabilization：applications of geometric control theory to rigid body models ［J］. IEEE Transactions on Automatic Control, 2003, 29 （4）：321－331.

第 6 章

事件驱动学习的卫星定轨算法

|6.1 引 言|

卫星轨道确定是通信卫星进行测量、控制和安全运行的基础[1]。随着国民经济与国防的发展，定轨任务的要求越来越高，一方面要求定轨方法具有很强的实时性，另一方面对定轨精度的要求不断提高[2-3]。卫星定轨一般可以分为实时定轨和事后精密定轨。实时定轨通过包含误差的观测数据，结合动力学模型对卫星运动状态进行估计，因此可以看作非线性滤波问题。

目前，国内外卫星实时定轨技术仍以卡尔曼滤波及其扩展方法为主。文献［4］针对不同形式的卡尔曼滤波在工程中的应用进行了系统阐述。在非线性滤波算法中，扩展卡尔曼滤波（extended Kalman filtering，EKF）和无迹卡尔曼滤波（unscented Kalman filtering，UKF）是应用较为广泛的两种方法。由于 EKF 需要对非线性方程进行一阶线性化，当高次项无法忽略时，EKF 的估计误差会显著增大，甚至引起滤波发散[5]。特别是对于卫星动力学方程，求取雅可比矩阵会增加计算复杂度，难以满足实时性要求。国内学者高耀文、段宇等人采用改进的 EKF 分别进行了卫星实时定轨和精密定轨研究，表明其定轨精度优于 EKF 算法[6-7]。UKF 最早由 Julier 等[8]提出，通过非线性方程映射选定的采样点，加权求和得到更新的均值和方差[9]。Park 等[10]应用无迹卡尔曼滤波结合磁强计进行了卫星定轨研究；

吴志华等[11]应用无迹卡尔曼滤波结合星载 GPS 数据进行了低轨卫星实时定轨仿真。文献［12］结合 UKF 滤波器和 Huber 滤波器各自的优点，设计了用于空间编队飞行的 Huber – UKF 相对导航滤波器，该滤波器在测量误差不完全满足高斯分布或含有粗差情况下具有较好的鲁棒性。以上研究表明，UKF 的定轨精度明显高于 EKF，有相当的工程价值[13]。由于 UKF 同样存在过程噪声与测量噪声难以确定的问题，文献［14］利用改进的 Sage – Husa 次优无偏极大后验估计器来估计未知噪声，通过对仿真结果进行分析和比较，论证所设计方法显著提高了对目标的实时跟踪能力。文献［15］将新息和残差正交的思想与 UKF 结合，引入尺度变换因子来进一步提高估计的精度，结果表明其算法对时变噪声统计特性有较强的适应性。

综合考虑卫星在轨运行中的实时定轨性能要求和卫星系统通信与计算资源受限问题，本章主要研究基于事件驱动的自适应滤波实时定轨方法，具体创新点包括：

（1）通过分析卫星轨道动力学和地面站观测方程，本章提出一种基于随机事件触发条件的卫星状态估计算法。相较于传统 UKF，本章提出的事件触发滤波算法可有效挖掘随机事件触发机制产生的间接测量信息，在降低通信资源消耗的同时保证估计性能。

（2）本章提出基于事件触发学习（event – triggered learning，ETL）的估计器模型参数低频率自适应更新方法，在节省计算资源的前提下实现估计性能的有效提高。

（3）本章通过数值仿真验证了所提出的事件触发学习无迹卡尔曼滤波（event – triggered learning unscented Kalman filtering，ELUKF）算法应用于卫星实时定轨的有效性。

|6.2　定轨算法设计|

6.2.1　测量方程

以卫星位置和速度作为状态变量，考虑 J_2 摄动，可以构造以地心为中心的惯性坐标系下的卫星动力学模型：

$$\begin{cases} \dot{x} = v_x + \omega_x, \dot{y} = v_y + \omega_y, \dot{z} = v_z + \omega_z, \\[2mm] \dot{v}_x = -\dfrac{\mu x}{r^3} + \dfrac{3\mu J_2 R^2}{2r^5}\left(\dfrac{5z^2}{r^2} - 1\right)x + \omega_{vx}, \\[2mm] \dot{v}_y = -\dfrac{\mu y}{r^3} + \dfrac{3\mu J_2 R^2}{2r^5}\left(\dfrac{5z^2}{r^2} - 1\right)y + \omega_{vy}, \\[2mm] \dot{v}_z = -\dfrac{\mu z}{r^3} + \dfrac{3\mu J_2 R^2}{2r^5}\left(\dfrac{5z^2}{r^2} - 1\right)z + \omega_{vx}, \end{cases} \tag{6.1}$$

式中，r——卫星到地心的距离；

μ——地球引力常数；

R——地球半径；

J_2——引力二阶带谐项系数；

$\omega_x, \omega_y, \omega_z$——系统白噪声。

考虑以测量在轨卫星距离、方位角和仰角的地基雷达为观测设备。跟踪站观测卫星的几何结构如图6.1所示。图中，$\boldsymbol{\rho}$代表观测站到卫星的位置矢量，$\boldsymbol{r}$为惯性系下卫星的位置矢量，$\boldsymbol{R}_s$为地心至地面跟踪站的半径矢量，λ_s和θ_s分别是地面跟踪站所在纬度和地面站恒星时角。地面跟踪站所在坐标系为站心坐标系，$\hat{u}$轴指向地面跟踪站的椭球面法向方向，$\hat{n}$轴是过原点的大地子午面和包含原点且和法线垂直的平面交线，指向北方向，$\hat{e}$轴与$\hat{n}$、$\hat{u}$轴构成左手坐标系。

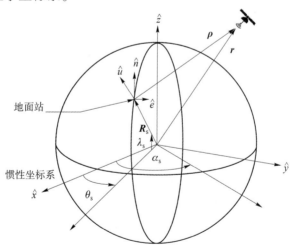

图6.1　地面跟踪站观测卫星示意图

有观测方程如下：

$$\boldsymbol{\rho} = \boldsymbol{r} - \boldsymbol{R}_s. \tag{6.2}$$

矢量 $\boldsymbol{\rho}$ 可计算如下：

$$\boldsymbol{\rho} = \begin{bmatrix} x - \|\boldsymbol{R}_s\|\cos\lambda_s\cos\theta_s \\ y - \|\boldsymbol{R}_s\|\cos\lambda_s\cos\theta_s \\ z - \|\boldsymbol{R}_s\|\sin\lambda_s \end{bmatrix},\quad (6.3)$$

式中，x,y,z——矢量 $\boldsymbol{r}$ 在惯性系下的分量。

由惯性坐标系转换至跟踪站坐标系的转换矩阵如下：

$$\begin{bmatrix} \rho_u \\ \rho_e \\ \rho_n \end{bmatrix} = \begin{bmatrix} \cos\lambda_s & 0 & \sin\lambda_s \\ 0 & 1 & 0 \\ -\sin\lambda_s & 0 & \cos\lambda_s \end{bmatrix} \cdot \begin{bmatrix} \cos\theta_s & \sin\theta_s & 0 \\ -\sin\theta_s & \cos\theta_s & 0 \\ 0 & 0 & 1 \end{bmatrix}\boldsymbol{\rho},\quad (6.4)$$

式中，(ρ_u,ρ_e,ρ_n)——卫星在观测站坐标系下的位置矢量。

地面站测量值为方向角（az）、仰角（el）和卫星距离（ρ）。综上所述，有系统测量方程：

$$\rho = \sqrt{\rho_u^2 + \rho_e^2 + \rho_n^2},\quad (6.5)$$

$$az = \arctan\left(\frac{\rho_e}{\rho_n}\right),\quad (6.6)$$

$$el = \arctan\left(\frac{\rho_u}{\sqrt{\rho_e^2 + \rho_n^2}}\right).\quad (6.7)$$

6.2.2 事件驱动 UKF 算法

在上述关于卫星轨道动力学模型与地面站观测方程的基础上，ELUKF 实时定轨过程如图 6.2 所示。

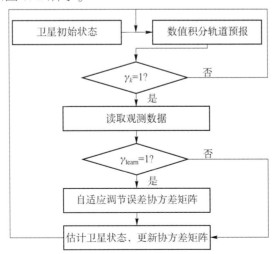

图 6.2 基于 ELUKF 的实时定轨计算流程

卫星在轨运行时，除了要将能源消耗在轨道与姿态控制外，还需要将部分能源用于卫星与地面站间的数据传输，因此降低系统通信频率可以有效减少星上能源消耗。本节结合 UKF 与事件触发方法对卫星运动状态进行估计，通过地面决策装置间歇式传输雷达测量数据，在保证定轨效果的同时减少通信次数。图 6.3 所示为基于事件触发方法的卫星 – 地面站信号传输示意图。

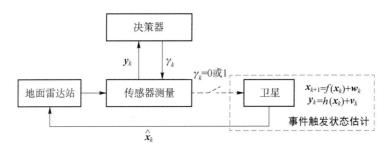

图 6.3　卫星 – 地面站信号传输示意图

目前，事件触发状态估计根据事件触发条件不同可分为确定型和随机型。确定型事件触发方法已被广泛应用于传感器信息融合领域，然而由于缺失的量测序列对新息过程高斯特性的破坏，文献［16］~［19］针对最小均方误差（minimum mean square error，MMSE）估计器添加了必要的假设，因此导致了限制条件的增加。文献［20］设计了基于 UKF 的随机事件触发估计，与确定型事件触发方案相比，随机事件触发无须进行高斯近似就可以保持高斯统计特性。算法描述如下：

在每个采样时刻 k，生成独立随机变量 ξ_k 服从区间 $[0,1]$ 上的均匀分布。数据传输规则如下：

$$\gamma_k = \begin{cases} 1, & \xi_k > \phi(\boldsymbol{y}_k, \hat{\boldsymbol{y}}_{k/k-1}), \\ 0, & \xi_k > \phi(\boldsymbol{y}_k, \hat{\boldsymbol{y}}_{k/k-1}), \end{cases} \qquad (6.8)$$

式中，函数 $\phi(\boldsymbol{y}_k, \hat{\boldsymbol{y}}_{k/k-1}) : \mathbb{R}^M \times \mathbb{R}^M \to [0,1]$。

根据以上规则，只有当变量 γ_k 为 1 时，地面站将测量值传输至卫星进行下一步状态估计。γ_k 为 0 时，星上估计器只通过轨道动力学方程进行轨道预报。选取如下函数：

$$(\boldsymbol{y}_k, \hat{\boldsymbol{y}}_{k/k-1}) = \exp\left(-\frac{1}{2}(\boldsymbol{y}_k - \hat{\boldsymbol{y}}_{k/k-1})^{\mathrm{T}} \boldsymbol{Z}(\boldsymbol{y}_k - \hat{\boldsymbol{y}}_{k/k-1})\right), \qquad (6.9)$$

式中，Z——正定矩阵，$Z \in \mathbb{R}^{M \times M}$。通过选取合适的矩阵 Z，系统可以在降低通信率和提升估计效果之间实现平衡。

UKF 在卡尔曼滤波的基础上，通过无迹变换（unscented transform，UT）变换解决均值和协方差的非线性传递问题，可以逼近非线性系统状态的后验概率分布。对于卫星状态估计问题，其动力学方程和量测方程可用如下形式表示：

$$x_{k+1} = f(x_k) + w_k, \tag{6.10}$$

$$y_{k+1} = h(x_k) + v_k, \tag{6.11}$$

式中，x_k——状态变量，$x_k \in \mathbb{R}^L$；

y_k——输出向量，$y_k \in \mathbb{R}^M$；

w_k——过程噪声，$w_k \sim N(0, Q_k)$；

v_k——测量噪声，$v_k \sim N(0, R_k)$。

系统初始状态 x_0 均值为 $\mu_0 = E(x_0)$，其协方差为 $P_0 = E((x_0 - \mu_0)(x_0 - \mu_0)^{\mathrm{T}})$。基于随机事件触发 UKF 的状态估计过程描述如下：

（1）无迹变换：

$$\begin{cases} \mathcal{X}_{i,k-1} = \hat{x}_{k-1}, \quad i = 0, \\ \mathcal{X}_{i,k-1} = \hat{x}_{k-1} + (\sqrt{(L+\lambda)\hat{P}_{k-1}})_i, \quad i = 1, 2, \cdots, L, \\ \mathcal{X}_{i,k-1} = \hat{x}_{k-1} - (\sqrt{(L+\lambda)\hat{P}_{k-1}})_i, \quad i = L+1, L+2, \cdots, 2L, \end{cases} \tag{6.12}$$

式中，λ——可变参数。

（2）预测：

$$X_{i,k/k-1} = f(\mathcal{X}_{i,k-1}), \tag{6.13}$$

$$\hat{x}_{k/k-1} = \sum_{i=0}^{2L} \omega_i^{\mathrm{m}} X_{i,k/k-1}, \tag{6.14}$$

$$\hat{P}_{k/k-1} = \sum_{i=0}^{2L} \omega_i^{\mathrm{c}} (X_{i,k/k-1} - \hat{x}_{k/k-1})(X_{i,k/k-1} - \hat{x}_{k/k-1})^{\mathrm{T}} + Q_k, \tag{6.15}$$

$$X_{i,k/k-1}^* = \left[\hat{x}_{k/k-1} \quad \hat{x}_{k/k-1} + \sqrt{(L+\lambda)\hat{P}_{k-1}} \quad \hat{x}_{k/k-1} - \sqrt{(L+\lambda)\hat{P}_{k-1}} \right], \tag{6.16}$$

$$Y_{i,k/k-1} = h(X_{i,k/k-1}^*), \tag{6.17}$$

$$\hat{y}_{k/k-1} = \sum_{i=0}^{2L} \omega_i^{\mathrm{m}} Y_{i,k/k-1}, \tag{6.18}$$

式中，$\omega_i^{\mathrm{m}}, \omega_i^{\mathrm{c}}$——求取均值和方差所需的权值。

（3）更新：

$$\hat{\boldsymbol{P}}_{yy} = \sum_{i=0}^{2L} \omega_i^c (\boldsymbol{Y}_{i,k/k-1} - \hat{\boldsymbol{y}}_{k/k-1})(\boldsymbol{Y}_{i,k/k-1} - \hat{\boldsymbol{y}}_{k/k-1})^{\mathrm{T}} + \boldsymbol{R}_k, \quad (6.19)$$

$$\hat{\boldsymbol{P}}_{xy} = \sum_{i=0}^{2L} \omega_i^c (\boldsymbol{X}_{i,k/k-1} - \hat{\boldsymbol{x}}_{k/k-1})(\boldsymbol{Y}_{i,k/k-1} - \hat{\boldsymbol{y}}_{k/k-1})^{\mathrm{T}}, \quad (6.20)$$

$$\boldsymbol{K}_k = \hat{\boldsymbol{P}}_{xy} [\hat{\boldsymbol{P}}_{yy} + (1 - \gamma_k) \boldsymbol{Z}^{-1}]^{-1}, \quad (6.21)$$

$$\hat{\boldsymbol{x}}_k = \hat{\boldsymbol{x}}_{k/k-1} + \gamma_k \boldsymbol{K}_k (\boldsymbol{y}_k - \hat{\boldsymbol{y}}_{k,k-1}), \quad (6.22)$$

$$\hat{\boldsymbol{P}}_k = \hat{\boldsymbol{P}}_{k/k-1} - \boldsymbol{K}_k \hat{\boldsymbol{P}}_{xy} \boldsymbol{K}_k^{\mathrm{T}}. \quad (6.23)$$

6.2.3 事件驱动参数学习

在实际卫星定轨任务中，过程噪声协方差与观测噪声协方差无法提前确定。如果根据经验选定协方差矩阵，就可能导致滤波精度下降，甚至引起滤波器发散。针对这一问题，本节设计一种事件触发学习方法，通过判断误差是否超出阈值来决定是否对系统噪声误差协方差矩阵进行动态修正。判别规则如下：

$$\gamma_{\text{learn}} = \begin{cases} 1, & \|\hat{\boldsymbol{y}}_{k/k-1} - \boldsymbol{y}_k\|_2 \geqslant \delta, \\ 0, & \|\hat{\boldsymbol{y}}_{k/k-1} - \boldsymbol{y}_k\|_2 < \delta, \end{cases} \quad (6.24)$$

式中，δ——误差阈值，$\delta > 0$。

当 γ_{learn} 值为 1 时，进行模型参数学习，由误差协方差矩阵自上次模型失配起为起始时刻进行更新如下：

$$\hat{\boldsymbol{Q}}_k^* = \frac{1}{k} \sum_{j=1}^{k} r_j \{ \boldsymbol{K}_j \boldsymbol{\varepsilon}_j \boldsymbol{\varepsilon}_j^{\mathrm{T}} \boldsymbol{K}_j^{\mathrm{T}} -$$

$$\sum_{i=0}^{2L} \omega_i^c (\boldsymbol{X}_{i,k/k-1} - \hat{\boldsymbol{x}}_{k/k-1}) \times (\boldsymbol{X}_{i,k/k-1} - \hat{\boldsymbol{x}}_{k/k-1})^{\mathrm{T}} + \boldsymbol{P}_j \}, \quad (6.25)$$

$$\hat{\boldsymbol{R}}_k^* = \frac{1}{k} \sum_{j=1}^{k} r_j \{ \boldsymbol{\varepsilon}_j \boldsymbol{\varepsilon}_j^{\mathrm{T}} - \boldsymbol{H}_j \hat{\boldsymbol{P}}_{j/j-1} \boldsymbol{H}_j^{\mathrm{T}} \}, \quad (6.26)$$

式中，$\boldsymbol{\varepsilon}_j$——新息变量，$\boldsymbol{\varepsilon}_j = \boldsymbol{y}_j - \hat{\boldsymbol{y}}_{j/j-1}$，$j = 1, 2, \cdots, k$；

r_j——随机权重自适应因子，服从狄利克雷分布 $D(1,1,\cdots,1)$；

$\boldsymbol{H}_j$——观测方程雅可比矩阵。

当 γ_{learn} 值为 0 时，系统停止参数学习并保持误差协方差矩阵不变至下次 γ_{learn} 值为 1。

仿真结果表明，与实时进行自适应调节的滤波方法相比，引入事件触发学习机制可以在降低计算成本的同时保证相当的滤波精度。

|6.3　数值仿真|

卫星初始状态如表 6.1 所示，仿真使用的轨道数据由 TLE 双行星历经 SDP4 模型解算获得，将真实轨道数据经坐标系转换并引入观测误差得到模拟观测数据。具体仿真条件如下：

- 起始观测历元：UTC2020 年 3 月 1 日 00 时 00 分 00 秒。
- 估计误差协方差矩阵初值：$\boldsymbol{P}_0 = \text{diag}[p_1^2 \quad p_1^2 \quad p_1^2 \quad p_2^2 \quad p_2^2 \quad p_2^2]$，其中 $p_1 = 5 \times 10^{-2}$ km，$p_2 = 1 \times 10^{-3}$ km/s。
- 过程噪声方差矩阵初值：$\boldsymbol{Q}_0 = \text{diag}[q_1^2 \quad q_1^2 \quad q_1^2 \quad q_2^2 \quad q_2^2 \quad q_2^2]$，其中 $q_1 = 2.5 \times 10^{-4}$ km，$q_2 = 2 \times 10^{-3}$ km/s。
- 观测站站址：高程 0 m，北纬 40°，东经 114°。

表 6.1　卫星初始状态

参数	数值	单位
x	35 171.39	km
y	− 23 227.19	km
z	− 1 252.60	km
v_x	1.692	km/s
v_y	2.565	km/s
v_z	− 0.049	km/s

本章分别应用 UKF 和 ELUKF 算法针对不确定观测噪声情况进行仿真比较。x、y、z 三轴方向上的位置误差如图 6.4 所示，速度误差如图 6.5 所示。横轴为仿真时长 24 h，滤波采样间隔 60 s；纵轴为估计值与真实值间的差值。

由图 6.4 可知，两种滤波方法的位置与速度估计误差都能够收敛在一定区间内，而 ELUKF 算法由于进行了动态参数学习，其平均幅值小于 UKF。对于空间中复杂的噪声环境，ELUKF 算法表现出更好的自适应能

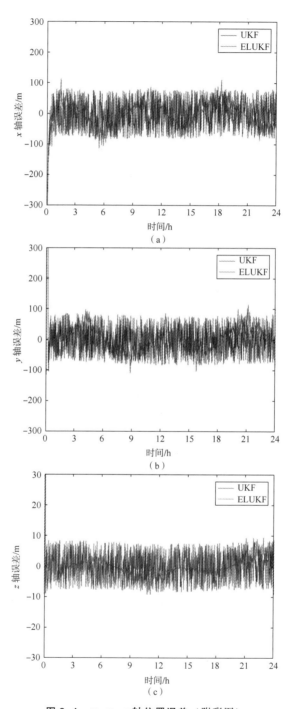

图 6.4　x、y、z轴位置误差（附彩图）

（a）x轴误差；（b）y轴误差；（c）z轴误差

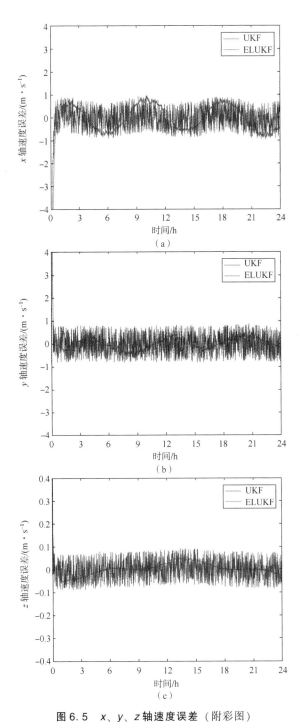

图 6.5　x、y、z 轴速度误差（附彩图）

（a）x 轴速度误差；（b）y 轴速度误差；（c）z 轴速度误差

力。为了更好地展示仿真效果，表6.2、表6.3给出了应用两种算法进行定轨的均方根（RMS）误差统计结果。结果显示，ELUKF算法在三轴方向上位置与速度的RMS误差均小于UKF算法的，符合上述论证。此外，仿真结果显示参数自适应时刻占总采样时刻的22.9%，相比于在每一时刻都进行雅可比矩阵求解以更新噪声协方差参数，事件触发学习的方法使系统自适应地决定是否需要更新噪声协方差，从而显著降低了星载计算机计算负荷，并保证了定轨精度。同时，有地面站–卫星双向通信时刻占总采样时刻的35.7%，与在每个采样时刻进行测量信息传输的标准UKF定轨方法相比，随机事件触发的引入降低了信号传输能耗，有利于延长卫星在轨寿命。

表6.2　三轴方向上的位置 RMS 误差　　　　　　　　　　　　　　m

算法	x	y	z
UKF	86.9038	67.6295	4.7950
ELUKF	82.8201	56.5021	1.8871

表6.3　三轴方向上的速度 RMS 误差　　　　　　　　　　　　m/s

算法	x	y	z
UKF	1.3143	1.4586	0.0679
ELUKF	1.1546	1.2396	0.0491

|6.4　小　结|

　　针对定轨过程中通信与计算资源受限的问题，本章采用设计事件触发滤波的方法来充分挖掘间接测量信息，在保证状态估计性能的同时降低了通信资源消耗；通过设计 ETL 来降低模型参数自适应更新频率，实现了有限系统动态学习频率下的实时定轨。该算法能够有效降低星–地上行数据量，降低星载处理器计算负荷。仿真结果表明，本章提出的 ELUKF 算法比传统 UKF 算法拥有更高的定轨精度，且对卫星在轨运行过程中受到的不确定噪声影响有一定的自适应能力。本研究为系统计算、通信资源受限下的卫星实时定轨问题提供了有效解决途径，为复杂卫星系统长期自主运行提供了理论基础与技术支持。

| 参考文献 |

［1］冯昊，赵峭，高珊，等. 一种实用的遥感卫星空间碎片规避机动方法［J］. 指挥与控制学报，2015，1（3）：314－319.

［2］姜伟南. 基于 UKF 的低轨卫星实时定轨方法研究［D］. 长沙：国防科学技术大学，2007.

［3］樊士伟，孟轶男，高为广，等. 航天器测定轨技术发展综述［J］. 测绘科学技术学报，2013，30（6）：549－554.

［4］葛泉波，李宏，文成林. 面向工程应用的 Kalman 滤波理论深度分析［J］. 指挥与控制学报，2019，5（3）：167－180.

［5］LEE D J, ALFRIEND K T. Sigma point filtering for sequential orbit estimation and prediction［J］. Journal of Spacecraft and Rockets, 2007, 44（2）：388－398.

［6］高耀文，钱卫平，刘利生，等. 具有约束项的自校准卡尔曼实时滤波定轨方法［J］. 中国空间科学技术，2004，24（2）：27－32.

［7］段宇，吴江飞. 基于 EKF 和自适应抗差滤波的星载 GPS 定轨方法［J］. 测绘工程，2014，23（1）：21－24.

［8］JULIER S, UHLMANN J, DURRANT－WHYTE H F. A new method for the nonlinear transformation of means and co－variances in filters and estimators［J］. IEEE Transactions on Automatic Control, 2000, 45（3）：477－482.

［9］胡世强，敬忠良. 粒子滤波算法综述［J］. 控制与决策，2005，20（4）：361－365.

［10］PARK E S, PARK S Y, ROH K M, et al. Satellite orbit determination using a batch filter based on the unscented transformation［J］. Aerospace Science and Technology, 2010, 14（6）：387－396.

［11］吴志华，申功勋，丁杨斌. UKF 算法在星载 GPS 低轨卫星定轨中的应用［J］. 计算机工程与应用，2008（33）：215－217.

［12］ 冯刚, 杨东春, 颜根廷. 近程编队飞行鲁棒非线性导航滤波器设计及相对路径控制 ［J］. 指挥与控制学报, 2015, 1 (2) : 181 – 191.

［13］ ROH K M, PARK S Y, CHOI K H. Orbit determination using the geomagnetic field measurement via the unscented Kalman filter ［J］. Journal of Spacecraft and Rockets, 2007, 44 (1) : 246 – 253.

［14］ 石勇, 韩崇昭. 自适应 UKF 算法在目标跟踪中的应用 ［J］. 自动化学报, 2011, 37 (6) : 755 – 759.

［15］ 周卫东, 乔相伟, 吉宇人, 等. 基于新息和残差的自适应 UKF 算法 ［J］. 宇航学报, 2010, 31 (7) : 1798 – 1804.

［16］ SHI D W, CHEN T W, SHI L. An event – triggered approach to state estimation with multiple point – and set – valued measurements ［J］. Automatica, 2014, 50 (6) : 1641 – 1648.

［17］ WU J, JIA Q, JOHANSSON K H, et al. Event – based sensor data scheduling: trade – off between communication rate and estimation quality ［J］. IEEE Transactions on Automatic Control, 2013, 58 (4) : 1041 – 1046.

［18］ YOU K Y, XIE L H. Kalman filtering with scheduled measurements ［J］. IEEE Transactions on Signal Processing, 2013, 61 (6) : 1520 – 1530.

［19］ SHI D W, CHEN T W, SHI L, et al. Event – triggered maximum likelihood state estimation ［J］. Automatica, 2014, 50 (1) : 247 – 254.

［20］ LI L, YU D D, XIA Y Q, et al. Remote nonlinear state estimation with stochastic event – triggered sensor schedule ［J］. IEEE Transactions on Cybernetics, 2019, 49 (3) : 734 – 745.

第 7 章

通信卫星事件驱动模型预测轨道保持控制

|7.1 引　言|

　　卫星轨道控制技术是一种对卫星施加控制力，改变其质心运动轨道的技术和方法。卫星的理论轨道在卫星发射前就已设计，在卫星发射后真正运行的轨道称为实际轨道。显然，实际轨道和理论轨道往往不完全一致。当卫星与火箭刚刚分离进入轨道时，可根据火箭的飞行参数得知卫星入轨点的参数，即卫星的初始轨道参数。在卫星进入初轨后，连续跟踪一段距离，取得一系列数据，进而可以计算出卫星的整个运行轨道。当卫星运行过程中受到地球引力、太阳光压、太阳和月亮的引力时，其轨道会产生微小变化，即轨道摄动，因此要对轨道不断进行跟踪，必要时还要进行轨道修正和保持[1-3]。本章针对静止轨道卫星的位置保持控制问题，提出了事件驱动的模型预测控制方法，在降低控制频率的情况下保证了控制性能。

　　通信卫星多为静止轨道卫星。理想的地球静止轨道周期等于地球自转周期，轨道倾角为0°，偏心率为0，卫星的星下点固定不变，这也是地球静止轨道被广泛用于对地观测、通信等领域的原因。然而，受各种摄动因素的影响，卫星的轨道参数不断变化，不存在理想的地球静止轨道，实际的地球静止轨道都是准静止轨道，轨道的倾角和偏心率都很小。针对地球静止轨道卫星的位置保持问题，传统方法通过计算静止轨道卫星的摄动模型来计算卫星的漂移环，当卫星的经度（或纬度）达到允许边界时，对卫星施加合适的控制，不同的保持精度所要求的控制周期一般不同，控制策略也可能不同。本章针对静止轨道卫星位置保持问题，利用相对轨道根数模型，设计了经典模型预测控制器。同时，考虑到空间摄动的复杂性，本章研究了基于高斯过程的模型预测控制器。不同于传统的基于模型的摄动补偿方法，高斯过程利用了历史的轨道观测数据，本章通过对比实际轨道和理论轨道的误差，构建了摄动力对轨道影响的高斯过程模型，从而在预测控制器中补偿摄动的影响。高斯过程是基于数据的建模方法，是机器学习方法的一种，考虑到对于星载计算机来说这一方法的计算量过大，本章设计了一种事件驱动机制，降低了运算频率，同时保证控制器的稳定性。考虑到实际工程实践，本章进一步对上述算法的优势与局限性进行了讨论。

7.2　事件驱动的静止轨道位置保持模型预测控制

7.2.1　坐标系简介

卫星轨道控制中常用的坐标系有地心惯性坐标系、卫星轨道坐标系。

1. 地心惯性坐标系 $O_e x_e y_e z_e$

地心惯性坐标系以地心为原点，坐标轴 $O_e x_e$ 在赤道面内，指向春分点方向（常用 J2000）；坐标轴 $O_e z_e$ 垂直于赤道面，指向极轴方向，与地球自转角速度一致；坐标轴 $O_e y_e$ 与另外两个轴垂直，构成右手直角坐标系。地心惯性坐标系如图 7.1 所示。

2. 卫星轨道坐标系 $O_s x_s y_s z_s$（RTN 坐标系）

卫星轨道坐标系通常以卫星质心为原点，$O_s x_s$ 轴（R 轴）方向为径向，指向地心；$O_s y_s$ 轴（T 轴）为切向，方向沿卫星运动轨迹的切线方向；$O_s z_s$ 轴（N 轴）为法向，垂直于 $O_s x_s$ 轴和 $O_s y_s$ 轴，构成右手直角坐标系。卫星轨道坐标系如图 7.2 所示。

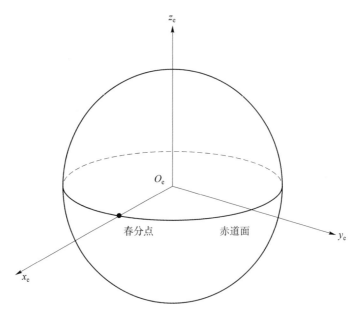

图 7.1　地心惯性坐标系

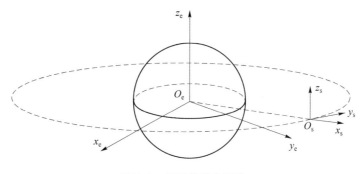

图 7.2　卫星轨道坐标系

7.2.2　轨道动力学与控制模型

　　地球静止轨道卫星位于赤道上方约 35 780 km 处，属于高轨道卫星。由于受到地球引力的作用，根据牛顿第二定律，理想的卫星运动问题可以表示成二体问题：

$$r = -\mu_{\mathrm{E}} \frac{\boldsymbol{r}}{r^3} + \boldsymbol{a}_{\mathrm{p}}, \tag{7.1}$$

式中，r——卫星的位置向量，$|r| = r$；

μ_E——地球引力常数；

a_p——卫星所受的除地球引力之外的外部加速度，可以分为两部分，一部分是卫星在空间中所受到的各种空间环境摄动加速度，另一部分是卫星的星上推力器所施加给卫星的控制加速度。

式（7.1）为卫星轨道运动的基本方程。静止轨道卫星所受的摄动影响主要有非球形引力摄动、太阳光压摄动及日月引力摄动，摄动形式分别如下。

①非球形引力摄动：$a_{J_2} = -\dfrac{3}{2}J_2\mu_E\dfrac{R_E^2}{r^5}\begin{pmatrix} \left(1-5\left(\dfrac{z}{r}\right)^2\right)x \\[2mm] \left(1-5\left(\dfrac{z}{r}\right)^2\right)y \\[2mm] \left(3-5\left(\dfrac{z}{r}\right)^2\right)z \end{pmatrix}$，

②太阳引力摄动：$a_s = -G_{Ms}\left(\dfrac{d_s}{d_s^3} + \dfrac{d_x - d_s}{(d_x - d_s)^3}\right)$，

③月球引力摄动：$a_m = -G_{Mm}\left(\dfrac{d_m}{d_m^3} + \dfrac{d_x - d_m}{(d_x - d_m)^3}\right)$，

④太阳光压摄动：$a_{SRP} = KC_R\dfrac{S}{m}\dfrac{L_s}{4\pi c}\dfrac{r - r_s}{\|r - r_s\|^3}$.

其中，J_2 为位势扰动模型系数，μ_E 为地球引力常数，R_E 为赤道半径，r 为卫星离地心距离，G_{Ms} 为太阳引力参数，G_{Mm} 为月球引力参数，K 为地影系数，C_R 为太阳光压常数，S 为面向太阳的卫星表面积，m 为卫星质量，c 为光速，L_s 为光反常数，d_s、d_x、d_m 分别为卫星相对于太阳、地球和月亮的距离矢量，d_s、d_x、d_m 为对应的距离矢量的模，即绝对距离。

静止轨道卫星具有小偏心率和小倾角的特点，采用传统的轨道根数描述会出现数学上的奇异值。为了解决这个问题，可以采用一组春分点轨道根数来表示：

$$\begin{cases} a = a, \\ i_x = \sin i\cos \Omega, \\ i_y = \sin i\sin \Omega, \\ e_x = e\cos(\omega + \Omega), \\ e_y = e\sin(\omega + \Omega), \\ \bar{\lambda} = S_A - S, \end{cases} \tag{7.2}$$

式中，a ——轨道半长轴；

$\quad\quad\omega,\Omega$ ——轨道的近地点幅角和升交点赤经；

$\quad\quad i_x,i_y$ ——倾角向量在地心赤道坐标 x 轴和 y 轴方向上的两个分量，倾角向量指向轨道升交点方向，幅值大小为 i；

$\quad\quad e_x,e_y$ ——偏心率向量在地心赤道坐标系 x 轴和 y 轴方向上的两个分量，偏心率向量指向近地点方向，幅值大小为 e；

$\quad\quad S_A$ ——卫星的平赤经，$S_A = \omega + \Omega + M$，$M$ 为平近点角；

$\quad\quad S$ ——格林尼治时角；

$\quad\quad\overline{\lambda}$ ——卫星的平经度。

基于上述春分点轨道根数模型，文献［4］提出了一种相对轨道根数模型：

$$\boldsymbol{x}(t) = \begin{pmatrix} E_1 \\ E_2 \\ E_3 \\ E_4 \\ E_5 \\ E_6 \end{pmatrix} = \begin{pmatrix} n - n_E \\ e\sin\tilde{\omega} \\ e\cos\tilde{\omega} \\ \sin\dfrac{i}{2}\sin\Omega \\ \sin\dfrac{i}{2}\cos\Omega \\ \overline{\lambda} - \alpha \end{pmatrix}, \quad\quad (7.3)$$

式中，n ——卫星轨道的平均转速，$n = \sqrt{\mu_E/a^3}$；

$\quad\quad n_E$ ——地球自转的角速度；

$\quad\quad\tilde{\omega} = \omega + \Omega$；

$\quad\quad\overline{\lambda}$ ——卫星的平经度；

$\quad\quad\alpha$ ——卫星位置保持控制环中心点的赤经。

在该模型中，E_1 表示卫星与定点位置之间的相对转速，(E_2,E_3) 表示偏心率矢量，(E_4,E_5) 表示倾角矢量，E_6 表示卫星和定点位置之间的相对平经度误差。将上述轨道根数写成高斯变分方程的形式，并用卫星在径向、切向和法向上的加速度来表示。假设轨道倾角一直保持很小，即 $\cos(i/2) \approx 1$，那么可以得到以下方程：

$$\begin{cases}
\dfrac{\mathrm{d}E_1}{\mathrm{d}t} = -\dfrac{3e\sin v}{\eta a}u_\mathrm{r} - \dfrac{3p}{r\eta a}u_\mathrm{t}, \\[2mm]
\dfrac{\mathrm{d}E_2}{\mathrm{d}t} = -\dfrac{\eta\cos\lambda}{na}u_\mathrm{r} + \dfrac{\eta(\sin\lambda + \sin\tilde{\omega}\cos E + (r/p)\cos\tilde{\omega}\sin v)}{na}u_\mathrm{t} + \\[2mm]
\qquad\quad \dfrac{r\cos\tilde{\omega}\tan(i/2)\sin(\omega + v)}{na^2\eta}u_\mathrm{n}, \\[2mm]
\dfrac{\mathrm{d}E_3}{\mathrm{d}t} = \dfrac{\eta\sin\lambda}{na}u_\mathrm{r} + \dfrac{\eta(\cos\lambda + \cos\tilde{\omega}\cos E + (r/p)\sin\tilde{\omega}\sin v)}{na}u_\mathrm{t} - \\[2mm]
\qquad\quad \dfrac{r\sin\tilde{\omega}\tan(i/2)\sin(\omega + v)}{na^2\eta}u_\mathrm{n}, \\[2mm]
\dfrac{\mathrm{d}E_4}{\mathrm{d}t} = \dfrac{r\sin\lambda}{2na^2\eta}u_\mathrm{n}, \\[2mm]
\dfrac{\mathrm{d}E_5}{\mathrm{d}t} = \dfrac{r\cos\lambda}{2na^2\eta}u_\mathrm{n}, \\[2mm]
\dfrac{\mathrm{d}E_6}{\mathrm{d}t} = E_1 - \left[\dfrac{e\eta\cos v}{(1 + \eta)na} + \dfrac{2r}{na^2}\right]u_\mathrm{r} + \dfrac{e\eta(1 + r/p)\sin v}{(1 + \eta)na}u_\mathrm{t} - \\[2mm]
\qquad\quad \dfrac{r\tan(i/2)\sin(\omega + v)}{na^2}\left[1 + \dfrac{e}{(1 + \eta)\eta}\right]u_\mathrm{n},
\end{cases}$$

$$\tag{7.4}$$

式中，v——真近点角；

$\quad\ \ E$——偏近点角；

$\quad\ \ \eta = \sqrt{1 - e^2}$；

$\quad\ \ p$——半通径，$p = a(1 - e^2)$；

$\quad\ \ \lambda$——真经度，$\lambda = \omega + \Omega + v$；

$\quad\ \ u_\mathrm{r}, u_\mathrm{t}, u_\mathrm{n}$——径向、切向和法向的摄动加速度。

式（7.4）可以表示为

$$\dot{\boldsymbol{x}}(t) = \boldsymbol{A}\boldsymbol{x}(t) + \boldsymbol{B}(\boldsymbol{x}(t))\boldsymbol{u}_\mathrm{c}(t) + \boldsymbol{B}(\boldsymbol{x}(t))\boldsymbol{u}_\mathrm{d}(\boldsymbol{x}(t)), \tag{7.5}$$

式中，$\boldsymbol{A}$——时不变的常矩阵，除了 $\boldsymbol{A}(6,1)$ 为 1 外，其余值均为 0；

$\quad\ \ \boldsymbol{B}$——时变矩阵，取决于卫星的状态；

$\quad\ \ \boldsymbol{u}_\mathrm{c}$——控制加速度矢量；

$\quad\ \ \boldsymbol{u}_\mathrm{d}$——摄动加速度矢量。

卫星的加速度输入被分成控制输入与摄动输入两部分：推力器控制输入取决于控制器输出，是时间 t 的函数；摄动输入取决于卫星状态，是 $\boldsymbol{x}(t)$ 的函数。

假设卫星控制环内任意位置的控制输入矩阵近似等于控制环中心点处的控制输入矩阵，且卫星在控制环内任意一点所受的摄动影响近似等于控制环中心点所受的摄动影响。令控制环中心点位置状态为 $x_{\text{geo}} = [0,0,0,0,0,0]^{\text{T}}$，那么式（7.5）可以近似表示为

$$\dot{x}(t) \approx Ax(t) + B(\alpha(t))u_{\text{c}}(t) + B(\alpha(t))u_{\text{d}}(x_{\text{geo}}(t)),\quad(7.6)$$

式中，$\alpha(t)$ —— t 时刻的卫星位置保持控制环中心点的赤经，$\alpha(t) = \alpha(t_0) + n_{\text{E}}(t - t_0)$。

系统的控制输入矩阵可以简化为

$$B(\alpha(t)) \approx \begin{pmatrix} 0 & \dfrac{-3}{a_{\text{geo}}} & 0 \\[2mm] -\dfrac{1}{V_{\text{geo}}}\cos\alpha & \dfrac{2}{V_{\text{geo}}}\sin\alpha & 0 \\[2mm] \dfrac{1}{V_{\text{geo}}}\sin\alpha & \dfrac{2}{V_{\text{geo}}}\cos\alpha & 0 \\[2mm] 0 & 0 & \dfrac{1}{2V_{\text{geo}}}\sin\alpha \\[2mm] 0 & 0 & \dfrac{1}{2V_{\text{geo}}}\cos\alpha \\[2mm] -\dfrac{2}{V_{\text{geo}}} & 0 & 0 \end{pmatrix},\quad(7.7)$$

式中，V_{geo} ——卫星位置保持控制环中心位置的转速，$V_{\text{geo}} = \sqrt{\mu_{\text{E}}/a_{\text{geo}}} = n_{\text{E}} \cdot a_{\text{geo}}$。

将式（7.6）离散化后可得：

$$x_{k+1} = \tilde{A}x_k + \tilde{B}_k u_k + \tilde{d}_k,\quad(7.8)$$

式中，$\tilde{d}_k$ ——摄动项。

式（7.8）即控制器设计所用到的离散化迭代模型。图 7.3 描述了 GEO 卫星位置保持的基本流程。

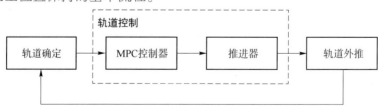

图 7.3　GEO 卫星位置保持的基本流程

7.2.3　事件驱动模型预测控制

模型预测控制基于对有限时域的预测来进行当前时刻控制量的计算。本章中，利用离散化模型以及所构建的摄动模型进行离线摄动项计算。假设在每一个采样时刻 $k \in \mathbf{N}$，当前卫星的状态为 $\boldsymbol{x}_0$，$\boldsymbol{U}$ 和 $\boldsymbol{U}^*$ 分别表示控制序列以及最优控制序列：

$$\begin{cases} \boldsymbol{U} = \{ \boldsymbol{u}(0 \mid k), \boldsymbol{u}(1 \mid k), \cdots, \boldsymbol{u}(k + N - 1 \mid k) \}, \\ \boldsymbol{U}^* = \{ \boldsymbol{u}^*(0 \mid k), \boldsymbol{u}^*(1 \mid k), \cdots, \boldsymbol{u}^*(k + N - 1 \mid k) \}, \end{cases} \quad (7.9)$$

式中，N —— 预测水平。

那么，MPC 的优化可以表示为

$$\boldsymbol{U}^* = \min_{\boldsymbol{U}} \sum_{j=0}^{N-1} \boldsymbol{x}^{\mathrm{T}}(j \mid k) \boldsymbol{Q} \boldsymbol{x}(j \mid k) + \boldsymbol{u}^{\mathrm{T}}(j \mid k) \boldsymbol{R} \boldsymbol{u}(j \mid k), \quad (7.10)$$

$$\text{s.t.} \quad \boldsymbol{x}(j + 1 \mid k) = \tilde{\boldsymbol{A}} \boldsymbol{x}(j \mid k) + \tilde{\boldsymbol{B}} \boldsymbol{u}(j \mid k) + \tilde{\boldsymbol{d}}_j, j \geqslant 0,$$

$$\boldsymbol{x}(0 \mid k) = \boldsymbol{x}_0,$$

$$\boldsymbol{U}_{\mathrm{lb}} \leqslant \boldsymbol{U} \leqslant \boldsymbol{U}_{\mathrm{ub}},$$

式中，$\boldsymbol{x}(j \mid k)$ —— k 时刻的预测状态序列；

$\boldsymbol{Q}, \boldsymbol{R}$ —— 权值矩阵；

$\boldsymbol{U}_{\mathrm{lb}}, \boldsymbol{U}_{\mathrm{ub}}$ —— 控制加速度的最小边界和最大边界；

$\tilde{\boldsymbol{d}}_j$ —— 计算得到的摄动项：

$$\tilde{\boldsymbol{d}}_j = \tilde{\boldsymbol{B}}_j \boldsymbol{u}_{\mathrm{d}}(j \mid k), j \geqslant 0, \quad (7.11)$$

式中，$\boldsymbol{u}_{\mathrm{d}}(j \mid k)$ —— RTN 三个方向总的摄动加速度。

选择不同的 $\boldsymbol{Q}$ 和 $\boldsymbol{R}$ 可以得到不同的控制效果。确切地说，通过改变 $\boldsymbol{Q}$ 的值，可以调节系统的收敛速率，而改变 $\boldsymbol{R}$ 的值，可以调节控制量的大小。为了得到满意的控制效果，需要在 $\boldsymbol{Q}$ 和 $\boldsymbol{R}$ 的选择中加以权衡。此外，考虑到推力器的最大推力，设置 $\boldsymbol{U}_{\mathrm{lb}}$ 和 $\boldsymbol{U}_{\mathrm{ub}}$；考虑到 MPC 算法的安全性，在此没有设置状态约束，因为在实际应用中，考虑到不确定性的影响，添加状态硬约束有可能导致优化问题不可解。通过迭代，MPC 可以通过最小化代价函数来计算有限时域内的最优控制量。

在传统的 MPC 应用中，最优控制序列中的第一个控制量将会用作当前的控制信号。受卫星推力器特性的限制，控制信号多为开关信号，所以设计如下事件驱动机制，可以将 MPC 优化后的结果转化为开关信号：

$$u(k) = \begin{cases} U_{\max}, & u^*(0 \mid k) \geqslant \beta_1 U_{\max} > 0, \\ -U_{\max}, & u^*(0 \mid k) \leqslant -\beta_1 U_{\max} < 0, \\ 0, & \text{其他}, \end{cases} \quad (7.12)$$

式中，$u(k)$——控制信号；

$U_{\max}$，$-U_{\max}$——最大正向与最大反向的推力加速度，即 $T_{\max}/m$，$T_{\max}$ 为推力器的最大推力，m 为卫星质量；

β_1——常数。

式（7.12）表示，当模型预测控制器计算得到的信号幅值大于事件驱动条件所设计的阈值时，取控制量推力器所能提供的最大加速度，然后将对应的控制信号传递至执行机构，对卫星进行位置保持控制。反之，舍弃当前控制器所计算的控制量，直至下一个采样周期，计算得到新的控制量。

7.2.4 卫星模型预测控制位置保持仿真

本节将对所提出的 MPC 策略进行仿真。设定为一颗质量为 2000 kg 的卫星配备最大推力为 500 mN 的开关式电动推力器。假设卫星的总质量在位置保持前进过程中保持不变，则每个推力器产生的最大控制加速度为 2.5×10^{-4} m/s²。一般假设卫星上的推力器可以在径向、切向和法向上提供正向和反向控制加速度。卫星表面面积为 113 m²，太阳光反射系数为 1.2。卫星的初始轨道根数见表 7.1，模拟时间设定为 2010 年 3 月 11 日 10：00：00 UTC。控制目标是使地球同步轨道卫星保持在一个平经度和倾角偏差均不大于 0.1°的范围内。此外，还保证了偏心率矢量位于半径为 2×10^{-4} 的圆内。为验证 MPC 控制器的有效性，进行数值仿真。仿真参数如控制器参数见表 7.2。

表 7.1 卫星初始轨道根数

参数名称	参数值	单位
半长轴	42 164.17	km
倾角	0.000 35	rad
偏心率	0.000 349	rad
近地点角距	6.17	rad
升交点赤经	0	rad
真近点角	6.01	rad

表 7.2　仿真与 MPC 控制器参数

参数名称	参数值	单位
仿真步长	50	s
Q	$\mathrm{diag}(4 \times 10^3, 5 \times 10^5, 5 \times 10^5, 10^6, 10^6, 8 \times 10^3)$	—
R	$\mathrm{diag}(10^5, 10^5, 5 \times 10^4)$	—
控制步长	3600	s
预测水平	3	d

由图 7.4 可以看出，半长轴在 42 164 ~ 42 169 km 波动，与初始值相比，最大半长轴偏差小于 3 km。图 7.5 给出了一年来平经度偏差的变化过程，并在接近 0.06° 时达到了控制目标。同时，与初始目标相比，倾角矢量保持在如图 7.6 所示的更小范围内。此外，图 7.7 提供了一年的总偏心率矢量，偏心率矢量控制在半径为 2×10^{-4} 的圆内。通常情况下，地球静止轨道卫星在位置保持期间的总速度增量被视为燃料消耗的指标。径向、切向、法向三个方向的速度增量（ΔV_r、ΔV_t、ΔV_n）以及总的速度增量 ΔV 见表 7.3。

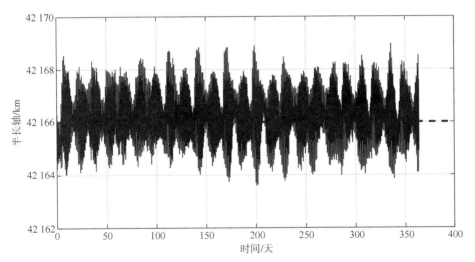

图 7.4　在一年中，半长轴（蓝色实线）的变化以及
初始半长轴（红色虚线）（附彩图）

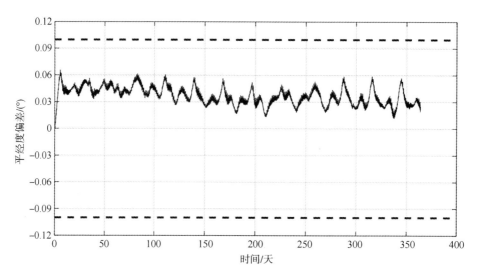

图 7.5　在一年中，平经度（蓝色实线）的变化和平经度
偏差的上下界（红色虚线）（附彩图）

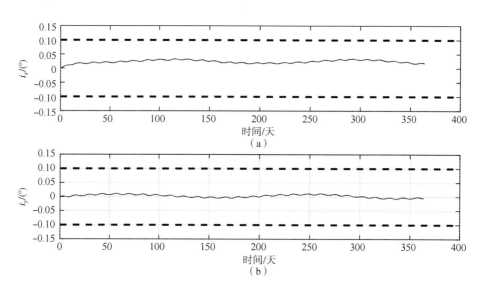

（a）

（b）

图 7.6　在一年中，总倾角矢量（i_x、i_y）（蓝色实线）的变化和
倾斜角矢量的上下限（红色虚线）（附彩图）

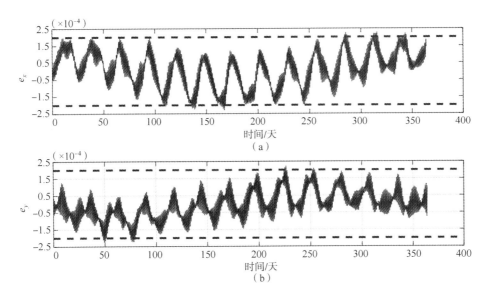

图 7.7　在一年中，总偏心率矢量（e_x、e_y）（蓝色实线）的变化和
偏心率矢量的上下限（红色虚线）（附彩图）

表 7.3　一年内速度增量　　　　　　　　m/s

速度增量	ΔV_r	ΔV_t	ΔV_n	ΔV
值	0	16.16	56.14	72.3

|7.3　事件驱动高斯过程预测控制的静止轨道位置保持|

7.3.1　事件驱动高斯过程学习与估计

　　卫星运行在静止轨道会受到各种空间摄动的影响，从而使卫星偏离初始的定位位置。实施卫星位置保持控制的目的是克服各种空间摄动，使卫星不会偏离定点位置。静止轨道卫星所受的摄动影响主要有地球不规则引力摄动、太阳光压摄动及第三体引力摄动。地球同步卫星主要摄动项的摄动量级见表 7.4。

表 7.4　地球同步卫星主要摄动项的摄动量级

摄动因素	量级
地球非球形摄动 – J_2 项	1.2×10^{-4}
地球非球形摄动 – 其他项	10^{-7}
太阳引力摄动	7.5×10^{-6}
月球引力摄动	1.6×10^{-5}
太阳辐射压摄动	4×10^{-7}

通常的做法是建立这些摄动的数学模型，计算出摄动对卫星轨道的影响，然后补偿到控制器中，从而实现对卫星轨道的精确控制。然而，在实际的应用中，这些摄动项具有复杂的周期性特点，而且数学模型与实际摄动项存在一定的误差，这些都制约着控制器的性能。

本节提出一种基于机器学习的方法来对摄动项进行学习和预测，从而用于控制器模型的补偿。由式（7.8）可知，通过记录历史的卫星轨道状态和历史控制量，可以计算得到每一时刻摄动项的影响，如下：

$$\tilde{\boldsymbol{d}}(k-1) = \boldsymbol{x}(k) - [\tilde{\boldsymbol{A}}\boldsymbol{x}(k-1) + \tilde{\boldsymbol{B}}_k(k-1)\boldsymbol{u}_c(k-1)]. \quad (7.13)$$

高斯过程（Gaussian process，GP）是一种强大的模型，可用于表示函数的分布情况。当前，机器学习的常见做法是把函数参数化，然后用产生的参数建模来规避分布表示（如线性回归的权重）。但 GP 不同，它直接对函数建模生成非参数模型，由此产生的一个突出优势就是其不仅能模拟任何黑盒函数，还能模拟不确定性。使用高斯过程，我们可以抛弃参数模型，直接定义函数上的先验概率分布。

高斯过程是一系列随机变量的合集，并且其任意子集均具有高斯联合概率分布特性，这一特性也意味着高斯过程可以被其二阶统计特性所描述。假设摄动项可以被一个高斯过程所描述，即

$$\tilde{\boldsymbol{d}}(x) = \mathcal{GP}(m_g(x), \boldsymbol{k}_g(x, x')), \quad (7.14)$$

式中，$m_g(\cdot)$——均值函数，

$$m_g(x) = E(\tilde{\boldsymbol{d}}(x)); \quad (7.15)$$

$\boldsymbol{k}_g(\cdot, \cdot)$——协方差核函数矩阵，且为实值正定矩阵，

$$\boldsymbol{k}_g(x, x') = E((\tilde{\boldsymbol{d}}(x) - m_g(x))(\tilde{\boldsymbol{d}}(x') - m_g(x'))). \quad (7.16)$$

通常简单起见，将均值函数均设为零，但其在后验计算中往往都不会是零均值，所以设置零均值先验具有泛用性。

高斯过程回归（Gaussian process regression，GPR）使用高斯过程作为先验，即假设学习样本是高斯过程的采样，因此其估计结果与核函数有密切联系。GPR 中核函数的实际意义为协方差函数（covariance function），描述了学习样本间的相关性。作为非参数高斯过程模型的性质，GPR 的复杂程度取决于学习样本，因此天然避免了过拟合的问题。由于高斯过程可以通过协方差函数模拟随机变量间的相关性，因此 GPR 可应用于平移不变、旋转不变或者周期性数据的回归问题。

本节利用高斯过程来对周期性的摄动项进行学习和拟合，从而进一步得到对未来摄动的预测。由式（7.13）可以获得历史的摄动项数据，以此进行高斯过程的训练。但是，如果在每一个控制周期内都进行高斯过程训练，需要大量的计算资源，耗时耗力。为了减小计算量，本项目设计了基于事件驱动高斯过程方法。

假设高斯过程预测步长为 N_{p1}，模型预测控制预测步长为 N_{p2}，且 $N_{p1} > N_{p2}$；k 时刻对应的摄动预测序列为 $\{\tilde{d}(k), \tilde{d}(k+1), \cdots, \tilde{d}(k+N_{p1}-1)\}$，其对应的协方差为 $\{ds(k), ds(k+1), \cdots, ds(k+N_{p1}-1)\}$，且协方差序列为非递减序列，那么可以设计对应的事件驱动策略为

$$\varepsilon_{GPR} = \begin{cases} 1, & ds(k+N_{p2}-1) > \varphi, \\ 0, & \text{其他,} \end{cases} \qquad (7.17)$$

式中，$ds(k+N_{p2}-1)$——最大控制器步长所需的摄动预测值对应的方差，通过选择合适的 φ 值，能够在保证系统稳定性的情况下降低控制器的计算负担。

7.3.2　控制器设计

设卫星位置保持控制周期为 N_c，在每一个控制周期内，依据之前得到的离散化迭代模型，设当前时刻为 k，计算得到当前时刻的卫星状态 $x(k)$；设预测步长为 N_p，未来 N_p 个时刻的摄动项 $[\tilde{d}(k) \quad \tilde{d}(k+1) \quad \cdots \quad \tilde{d}(k+N_p-1)]$ 由高斯过程给出。

设目标函数 J 为

$$J = \sum_{i=k}^{i+N_p-1} (x^T(i)Qx(i) + u_c^T(i)Ru_c(i)), \qquad (7.18)$$

式中，$x(i), u_c(i)$——i 时刻卫星的相对轨道根数和对应的控制量；

Q, R——权值矩阵。

设 X_{lb} 和 X_{ub} 分别代表卫星相对轨道根数的下界和上界，即卫星位置保持控制环的边界；U_{lb} 和 U_{ub} 分别代表控制量的下界和上界，即卫星加

速度的约束条件。那么，静止轨道卫星的位置保持控制问题可以转化为以下优化问题：

$$J_{0\to N_p-1}^*(\boldsymbol{x}_0) = \min_{U_{0\to N_p-1}} J_{0\to N_p-1}(\boldsymbol{x}_0, U_{0\to N_p-1}), \qquad (7.19)$$

$$\text{s. t.} \quad \boldsymbol{x}_{k+1} = \tilde{\boldsymbol{A}}_{\mathrm{d}}\boldsymbol{x}_k + \tilde{\boldsymbol{B}}_k\boldsymbol{u}_k + \boldsymbol{d}_k, \boldsymbol{x}_0 = \boldsymbol{x}(k),$$

$$\boldsymbol{X}_{\mathrm{lb}} \leqslant \boldsymbol{X} \leqslant \boldsymbol{X}_{\mathrm{ub}},$$

$$\boldsymbol{U}_{\mathrm{lb}} \leqslant \boldsymbol{U} \leqslant \boldsymbol{U}_{\mathrm{ub}}.$$

以上模型预测控制在卫星相对轨道根数离散迭代模型的基础上，考虑了卫星相对轨道根数的约束 $\boldsymbol{X}_{\mathrm{lb}}$、$\boldsymbol{X}_{\mathrm{ub}}$ 及对控制量的约束 $\boldsymbol{U}_{\mathrm{lb}}$、$\boldsymbol{U}_{\mathrm{ub}}$，通过寻找使得目标函数 J 最小的输入，得到最优的控制量序列 $[\boldsymbol{u}_{\mathrm{c}}^*(k), \boldsymbol{u}_{\mathrm{c}}^*(k+1), \cdots, \boldsymbol{u}_{\mathrm{c}}^*(k+N_p-1)]$。式（7.19）所示的优化问题可以转化为标准的二次规划形式进行求解。最优控制量序列的第一个值作为当前时刻的控制量，即 $\boldsymbol{u}_{\mathrm{c}}(k) = \boldsymbol{u}_{\mathrm{c}}^*(k)$。

7.3.3 事件驱动高斯过程预测控制位置保持仿真

单颗卫星下，本节对所提出的基于事件驱动的高斯过程预测控制算法进行了验证。卫星参数与初始轨道根数如表 7.5 和表 7.6 所示。

表 7.5　卫星参数

参数	数值	单位
质量	2000	kg
面质比	0.037	—
太阳光反射系数	1.2	—
最大推力	50	mN

表 7.6　卫星初始轨道根数

参数	数值	单位
轨道半长轴	42 166.17	km
偏心率	0.000 349	—
倾角	0.000 4	rad
近地点角距	6.17	rad
升交点赤经	0	rad
真近点角	6.01	rad
仿真时间	UTC 时间 2010 年 3 月 11 日 10：00：00	—

图 7.8 和图 7.9 分别给出了仿真 30 天和 300 天情况下卫星的位置保持情况。图 7.10 给出了一年内总的速度增量与平经度偏差的关系。对于静止轨道卫星定点位置保持任务，通过引入高斯过程，实现了无模型的摄动补偿，所设计的事件驱动条件在保持控制器性能的基础上降低了高斯过程训练次数，有效地减少了计算量，提高了控制器速度，如图 7.11 所示，通过引入事件驱动高斯过程能够有效改善模型预测控制器的性能。

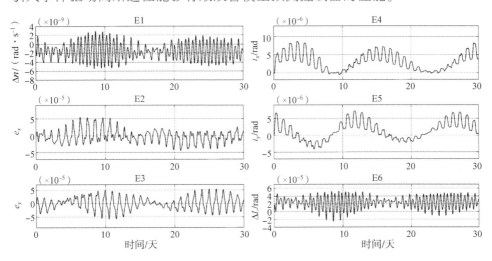

图 7.8　卫星相对轨道根数变化曲线（30 天）

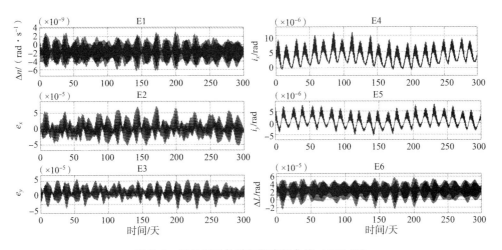

图 7.9　卫星相对轨道根数变化曲线（300 天）

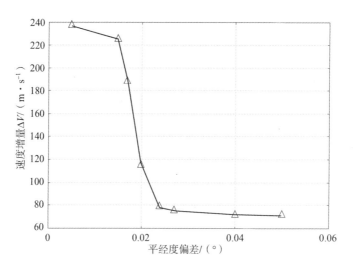

图 7. 10　在一年中速度增量与平经度偏差的关系示意图

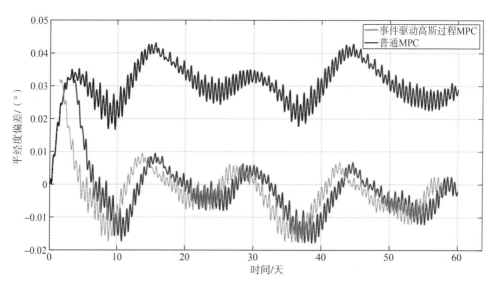

图 7. 11　事件驱动高斯过程模型预测控制与
普通模型预测控制的效果对比　(附彩图)

|7. 4　事件驱动模型预测轨道保持技术应用分析|

对于静止轨道卫星位置保持问题，模型预测控制通过求解优化问题来得到最优控制量的控制策略，因而优化问题的求解效率是决定模型预测控制算法能否在星载计算机上实现的关键因素。同时，相对于传统基于漂移环的位置保持控制算法，模型预测控制通过对未来一段时间的轨道状态进行预测，实现卫星状态的实时控制。本章在仿真中取控制周期为 1 h，预测时长为 3 天，即模型预测控制器每小时会计算一次从当前时刻到未来 3 天的轨道根数与期望轨道根数的误差，通过求解优化问题来得到使得误差最小或者燃料消耗最少的控制策略，并将求解的控制加速度作用到卫星。这也意味着卫星需要进行多次推进控制来完成控制目标。实际上，过于频繁的点火控制对卫星推力器是很大的挑战，所以在实际应用中应考虑如何降低系统的控制频率，从而在保证位置保持精度的前提下延长推进系统的寿命。

此外，机器学习算法能够极大程度提升模型精度，这为卫星的高精度控制提供了有效支撑。然而，对于卫星的自主控制，星载计算机的性能有限，很难有效实现机器学习算法的应用。针对这一问题，可以考虑将机器学习改为离线过程，从而能够有效降低星载计算机的运算压力，但离线学习主要利用历史数据进行摄动估计，会对算法的自适应效果产生一定影响。最后，考虑到卫星的在轨寿命，卫星控制的燃料消耗问题仍然是我们关注的焦点。如何进一步对算法进行优化，在实现高精度位置保持控制的同时使得整体的燃料消耗最小，仍然是需要进一步考虑的问题。

|7.5　小　结|

本章首先针对静止轨道卫星位置保持问题，以春分点轨道根数为基础，建立了相对轨道根数模型，分析了轨道摄动力对轨道根数的影响，并利用相对轨道根数模型设计了模型预测控制器，进而实现静止轨道卫星的位置保持控制。同时，考虑到模型参数的不确定性，本章还研究了基于高斯过程预测控制的位置保持算法，并设计了事件驱动条件，在保证系统稳定性的前提下，降低高斯过程学习的运算频率，提高运算效率。通过数值仿真，验证了该方法能在不增加太多速度增量的情况下实现位置保持目标。此外，考虑到卫星微处理器有限的计算资源，本章提出的MPC 控制器形式简单，为星载使用提供了可行性。

| 参考文献 |

［1］ 刘宇鑫. 地球同步卫星转移轨道设计与在轨保持方法研究 ［D］. 北京：北京理工大学，2016.

［2］ 李于衡. 地球静止轨道通信卫星位置保持原理及实施策略 ［J］. 飞行器测控学报，2003，22（4）：53 – 61.

［3］ 李恒年. 地球静止卫星轨道与共位控制技术 ［M］. 北京：国防工业出版社，2010.

［4］ DE BRUIJN F J，THEIL S，CHOUKROUN D，et al. Geostationary satellite station – keeping using convex optimization ［J］. Journal of Guidance, Control, and Dynamics，2016，39（3）：605 – 616.

第 8 章

通信卫星编队的事件驱动管道模型预测控制

|8.1 引 言|

　　相较于单个卫星组成的系统，通信卫星组成的星座编队不仅具有强大的覆盖能力，还具有良好的容错性，因而受到国内外研究学者的广泛关注[1]。通信卫星多位于地球静止轨道，难以避免面临轨位有限的问题。因此，静止轨道往往会将多颗卫星共位放置在同一个或邻近的定点区域内，组成通信卫星星座编队。为了保证卫星编队内卫星相互之间的安全及星座工作的稳定性，需要定期进行构型保持控制，避免其因空间环境摄动或自身不确定性等因素导致星座失效。本章针对通信卫星编队的位置保持控制问题，设计了基于管道的事件驱动模型预测控制器，克服了模型不确定性带来的影响。

　　模型预测控制作为一项在过程控制领域应用较为广泛的技术，近年来开始逐渐在航天领域崭露头角[2-4]。吴宝林等[5]利用相对平均轨道根数模型设计了针对卫星编队队形机动控制的模型预测控制器。Weiss 等[6]基于CWH 方程设计了模型预测控制器，实现了对于具有连续小推力静止轨道卫星的位置保持控制。然而，文献中多考虑近似模型，存在模型的不确定性，这会对模型预测控制的性能产生影响。为了克服模型不确定性的影响，可以采用鲁棒模型预测控制方法。最常见的一种鲁棒模型预测控制器是基于管道的模型预测控制器（Tube MPC）[7-9]。Tube MPC 的主要思想是将系统不确定性刻画成一个管道（即所允许的误差范围），然后设计控制律，使得系统的状态轨迹保持在管道内，并向名义状态轨迹收敛。

|8.2　通信卫星编队的相对动力学建模|

卫星绕地球转动的动力学模型在地心惯性坐标系下可以描述为

$$\ddot{\boldsymbol{r}} = -\mu_{\mathrm{E}}\frac{\boldsymbol{r}}{r^3} + \frac{\boldsymbol{F}}{m} + \boldsymbol{a}_{\mathrm{pe}},\qquad(8.1)$$

式中，$\boldsymbol{r}$——卫星的位置矢量；

　　　r——即卫星质心到地心的距离，$r = |\boldsymbol{r}|$；

　　　μ_{E}——地球的引力系数；

　　　$\boldsymbol{F}$——控制力矢量；

　　　m——卫星质量；

　　　$\boldsymbol{a}_{\mathrm{pe}}$——空间摄动加速度矢量，具体摄动形式可见 7.2 节。

本研究在设计控制器实现静止轨道卫星编队构型保持的同时，也考虑了各种空间摄动的影响，并进行相应的补偿。

CWH 方程常用于描述两颗卫星之间的相对运动，而且对于相对运动距离远小于轨道半径的情况，可以利用线性化后的模型来近似，从而便于控制器的分析与设计。尤其是对于本节所设计的管道模型预测控制器，相较于轨道根数模型，本节采用的 CWH 方程可以简化得到一个线性时不变模型，从而使得误差管道的求解更容易。因此，对于参考轨道为圆轨道的卫星，其在参考卫星的 RTN 坐标系下的位置矢量为 $[\delta x\ \delta y\ \delta z]^{\mathrm{T}}$，可将其与参考卫星在 RTN 坐标下的相对位置用 CWH 方程来描述：

$$\begin{cases} \delta\ddot{x} - 3n^2\delta x - 2n\delta\dot{y} = \dfrac{F_x}{m} + a_{\mathrm{p},x}, \\[2mm] \delta\ddot{y} + 2n\delta\dot{x} = \dfrac{F_y}{m} + a_{\mathrm{p},y}, \\[2mm] \delta\ddot{z} + n^2\delta z = \dfrac{F_z}{m} + a_{\mathrm{p},z}, \end{cases}\qquad(8.2)$$

式中，F_x, F_y, F_z——沿各坐标轴方向的推力；

$a_{p,x}, a_{p,y}, a_{p,z}$ ——各坐标轴方向的摄动加速度;

n——轨道的平均转速, $n = \sqrt{\mu_E/r^3}$ 。

令 $\boldsymbol{x} = \begin{bmatrix} \delta x & \delta y & \delta z & \delta \dot{x} & \delta \dot{y} & \delta \dot{z} \end{bmatrix}^T$, $\boldsymbol{u} = \begin{bmatrix} F_x & F_y & F_z \end{bmatrix}^T$, 则式(8.2)可表示为

$$\dot{\boldsymbol{x}}(t) = \boldsymbol{A}\boldsymbol{x}(t) + \boldsymbol{B}\boldsymbol{u}(t) + \boldsymbol{D}\boldsymbol{a}_{pe}(t), \tag{8.3}$$

式中, $\boldsymbol{a}_{pe}(t)$ ——总的摄动加速度, 可由空间摄动力的解析模型计算得到;

$$\boldsymbol{A} = \begin{bmatrix} 0 & 0 & 0 & 1 & 0 & 0 \\ 0 & 0 & 0 & 0 & 1 & 0 \\ 0 & 0 & 0 & 0 & 0 & 1 \\ 3n^2 & 0 & 0 & 0 & 2n & 0 \\ 0 & 0 & 0 & -2n & 0 & 0 \\ 0 & 0 & -n^2 & 0 & 0 & 0 \end{bmatrix};$$

$$\boldsymbol{B} = \begin{bmatrix} 0 & 0 & 0 \\ 0 & 0 & 0 \\ 0 & 0 & 0 \\ 1/m & 0 & 0 \\ 0 & 1/m & 0 \\ 0 & 0 & 1/m \end{bmatrix}; \quad \boldsymbol{D} = \begin{bmatrix} 0 & 0 & 0 \\ 0 & 0 & 0 \\ 0 & 0 & 0 \\ 1 & 0 & 0 \\ 0 & 1 & 0 \\ 0 & 0 & 1 \end{bmatrix}.$$

如果将轨道的平均转速与卫星质量视为常值, 则式(8.3)为线性时不变的形式。对式(8.3)进行离散化, 可以得到:

$$\boldsymbol{x}(k+1) = \boldsymbol{A}_d \boldsymbol{x}(k) + \boldsymbol{B}_d \boldsymbol{u}(k) + \boldsymbol{D}_d \boldsymbol{a}_p(k). \tag{8.4}$$

设某卫星编队有 N_a 颗卫星, 考虑主从式编队方式, 其中有 1 颗主星, $N_a - 1$ 颗从星。主星的参考轨道为一个标准圆轨道; 除主星外, 每颗跟随卫星的参考轨道均由其相邻的卫星轨道确定。由式(8.4)可知, 每颗卫星相对于其参考轨道的动力学方程可以表示为

$$\boldsymbol{x}_i(k+1) = \boldsymbol{A}_d \boldsymbol{x}_i(k) + \boldsymbol{B}_d \boldsymbol{u}_i(k) + \boldsymbol{D}_d \boldsymbol{a}_{i,p}(k), \quad \forall i \in \{1, 2, \cdots, N_a\}. \tag{8.5}$$

模型预测控制算法是基于模型的控制方法, 也就是说, 模型的精度直接影响最终的控制效果。然而, 由于采用了离散化后的线性模型, 而且对摄动力的计算也采用了相应的近似方法, 因此势必会产生模型误差。我们将模型误差与各类外部不确定性视为系统的加性不确定性 $\boldsymbol{w}_i \in \mathcal{W}_i$, 那么, 卫星实际的相对运动模型可以表示为

$$\boldsymbol{x}_i(k+1) = \boldsymbol{A}_d\boldsymbol{x}_i(k) + \boldsymbol{B}_d\boldsymbol{u}_i(k) + \boldsymbol{D}_d\boldsymbol{a}_{i,p}(k) + \boldsymbol{w}_i, \ \forall i \in \{1, 2, \cdots, N_a\}. \tag{8.6}$$

同时，系统状态与系统输入也应该满足一定的约束。就静止轨道卫星而言，一般我们希望卫星不要偏离定点位置超过一定范围，即对卫星相对参考轨道的位置矢量有着一定的约束。此外，由于卫星推力器推力有限，故对控制输入也有一定限制。这些约束可以描述为

$$\boldsymbol{x}_i \in \mathcal{X}_i = \boldsymbol{x}_i \in \mathbb{R}^6 : \boldsymbol{F}_x\boldsymbol{x}_i \leqslant \boldsymbol{h}_x, \tag{8.7}$$

$$\boldsymbol{u}_i \in \mathcal{U}_i = \boldsymbol{u}_i \in \mathbb{R}^3 : \boldsymbol{F}_u\boldsymbol{u}_i \leqslant \boldsymbol{h}_u. \tag{8.8}$$

那么，考虑到模型不确定性 $\boldsymbol{w}_i$，本章所考虑卫星编队的控制目标可以简单描述为：

（1）所有卫星能够跟踪给定的期望轨道。

（2）卫星编队保持一定的构型，且不发生碰撞。

8.3　事件驱动的通信卫星编队管道模型预测控制

管道模型预测控制（tube model predictive control，Tube MPC）是鲁棒模型预测控制算法中的一种，其主要结构包括两部分：其一，求解包含约束的优化问题得到名义状态，并以系统的名义状态为中心构建包含系统不确定性的误差管道；其二，设计次级控制器，使得管道内的真实系统状态向名义状态收敛。我们选择式（8.5）所示的第 i 颗卫星与其参考轨道的相对动力学模型作为名义模型，并用 $\overline{\boldsymbol{x}}$ 与 $\overline{\boldsymbol{u}}$ 分别表示相对位置的名义状态与名义控制输入：

$$\overline{\boldsymbol{x}}_i(k+1) = \boldsymbol{A}_d\overline{\boldsymbol{x}}_i(k) + \boldsymbol{B}_d\overline{\boldsymbol{u}}_i(k) + \boldsymbol{D}_d\boldsymbol{a}_{i,p}(k), \ \forall i \in \{1, 2, \cdots, N_a\}. \tag{8.9}$$

接下来，定义真实卫星相对位置状态与名义状态之间的误差：

$$\tilde{\boldsymbol{x}}_i = \boldsymbol{x}_i - \overline{\boldsymbol{x}}_i. \tag{8.10}$$

为了使得管道内的真实状态向名义状态靠近，设计次级控制器如下：

$$\boldsymbol{u}_i(k) = \overline{\boldsymbol{u}}_i(k) + \boldsymbol{K}\tilde{\boldsymbol{x}}_i(k). \tag{8.11}$$

那么，由式（8.6），式（8.9）~式（8.11）可以得到对应的误差系统：

$$\tilde{x}_i(k+1) = (A_d - B_d K)\tilde{x}_i(k) + w_i, \tag{8.12}$$

式中，K——反馈矩阵，且 $A_d - B_d K$ 是 Hurwitz 的。

对于式（8.12）所示的误差系统，定义其鲁棒正向不变集为 $\phi_{i,k}$，即

$$\tilde{x}_i(k+1) = (A_d - B_d K)\tilde{x}_i(k) + w_i \in \phi_{i,k}, \ \forall\, \tilde{x}_i(k) \in \phi_{i,k}. \tag{8.13}$$

那么，在任意时刻 k，系统的真实状态满足：

$$x_i(k) \in \overline{x}_i(k) \oplus \phi_{i,k}, \tag{8.14}$$

式中，$\oplus$——两个集合间的闵可夫斯基和。

同时，卫星相对位置的名义状态与名义控制输入满足：

$$\overline{x}_i \in \mathcal{X}_i \ominus \phi_{i,k}, \tag{8.15}$$

$$\overline{u}_i \in \mathcal{U}_i \ominus \phi_{i,k}. \tag{8.16}$$

由此，只要名义系统的状态和控制量满足式（8.15）和式（8.16），真实系统的状态即满足式（8.7）和式（8.8）。设预测步长为 N_p，定义代价函数 J_i：

$$J_i = \sum_{j=0}^{N_p-1} \overline{x}_i^T(k+j)Q\overline{x}_i(k+j) + \overline{u}_i^T(k+j)R\overline{u}_i(k+j) +$$
$$\overline{x}_i^T(k+N_p)P\overline{x}_i(k+N_p), \tag{8.17}$$

式中，Q,R,P——权值矩阵，Q,R 通常为对角矩阵，P 为解代数里卡蒂微分方程得到的终端代价权值矩阵；

$\overline{x}_i(k+j)$——预测状态；

$\overline{x}_i(k+N_p)$——预测的终端状态。

这里在代价函数中添加了终端代价，目的是令预测的终端状态尽量接近零，而且该终端代价函数可以选为李雅普诺夫函数，用于保证包含约束系统的闭环稳定性。对于所有 $i \in \{1,2,\cdots,N_a\}$，求解下述优化问题：

$$J_i^* = \min J_i \tag{8.18}$$
$$\text{s. t.} \quad \overline{x}_i(k) \in \mathcal{X}_i \ominus \phi_{i,k},$$
$$\overline{x}_i(k+j) \in \mathcal{X}_i \ominus \phi_{i,k}, j \in \{1,2,\cdots,N_p\},$$
$$\overline{u}_i(k+j) \in \mathcal{U}_i \ominus \phi_{i,k}.$$

用 $\overline{u}_i^*(k)$ 和 $\overline{x}_i^*(k)$ 分别表示求解式（8.18）得到的有限时域内的最优控制量与最优状态，则式（8.11）所定义的次级控制器可表示为

$$u_i^*(k) = \bar{u}_i^*(k) + K(x_i(k) - \bar{x}_i^*(k)). \qquad (8.19)$$

至此，$u_i^*(k)$ 即实现卫星跟踪参考卫星轨迹的最优控制量。

为了降低控制频率，对于控制器计算得到的控制量，设计以下事件驱动条件：

$$\tilde{u}_{ij}(k) = \begin{cases} u_{ij}^*(k), & |u_{ij}^*(k)| \leqslant M, \\ 0, & \text{其他,} \end{cases} \quad i = 1, 2, \cdots, n; j = 1, 2, 3,$$

$$\qquad (8.20)$$

式中，$\tilde{u}_{ij}(k)$ ——实际发送到执行机构的控制信号；

$u_{ij}^*(k)$ ——式（8.19）计算得到的最优控制量在径向、切向、法向的分量；

M ——触发阈值，$M > 0$。

式（8.20）的含义为当计算得到的控制量大于预先设定的阈值时，会对卫星进行控制；反之，则认为没有必要进行控制，从而达到节省燃料的目的。

如图 8.1 所示，本章考虑一种四星编队构型，四颗相同的卫星均为静止轨道卫星。主星参考信号为标准圆轨道；从星 1 与主星在同一轨道平面，且从星 1 的参考轨道由主星生成，二者星下点轨迹相差地理经度 0.2°；从星 2、从星 3 与从星 1 不在同一轨道面，二者的参考轨道由从星 1 生成。从星 2 与从星 1 的星下点轨迹地理经度相差 0.2°、地理纬度相差 0.05°，从星 3 与从星 1 的地理经度相差 0.2°、地理纬度相差 -0.05°。表 8.1 给出了四颗卫星的初始轨道，其中 a、e、i、Ω、ω、υ 分别表示轨道的半长轴、偏心率、轨道倾角、升交点赤经、近地点幅角和真近点角。

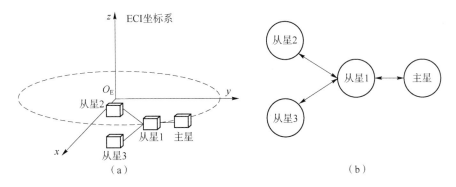

图 8.1　四星编队构型与星间通信拓扑示意图

（a）四星编队构型；（b）星间通信拓扑

表 8.1　卫星编队初始轨道

卫星	a/km	e	$i/(°)$	$\Omega/(°)$	$\omega/(°)$	$v/(°)$
主星	42 164.17	0	0	121.14	0	99.22
从星 1	42 164.17	0	0	121.14	0	99.02
从星 2	42 164.17	0.000 35	0.05	121.14	0	98.82
从星 3	42 164.17	0.001	0.05	299.84	28.64	251.48

基于本节所设计的管道模型预测控制（Tube MPC）算法，对四星编队的构型保持进行了 180 天的仿真，仿真历元为 2019 年 1 月 1 日 00：00：00，仿真步长为 100 s，控制器离散化步长为 3600 s。四颗卫星相同，质量均为 2000 kg，卫星面质比为 0.0056，光反射系数为 1.2，推力器最大推力为 500 mN。仿真考虑地球非球形引力、太阳光压和第三体引力等空间摄动的影响，且由于所仿真的卫星为 GEO 卫星，因此可以忽略大气摄动影响。对于单颗卫星，令各方向相对位置误差的最大容许值为 ±0.01°，即 ±7500 m。在仿真中，为了简化计算，对于控制器中名义系统的约束所采用的是经验值。

在 180 天的仿真期间，由于引入事件触发策略，因此我们在仿真中将约束适当放宽，以免出现优化问题无解的情况。如图 8.2 所示，四颗卫星的星下点轨迹均保持在较小范围内，南北方向的最大范围约为 ±0.01°，东西方向的最大范围约为 ±0.01°。从星 2 与从星 3 的轨迹在最开始会短暂超出约束，其原因是控制器在最初阶段的响应滞后，且与初始轨道的设计有关。图 8.3 中，各跟随卫星（从星 1、2、3）与领导卫星（主星、从星 1）之间的相对距离基本保持稳定。仿真结果显示，当控制精度限制在 ±0.01°时，180 天内主星在径向、切向和法向的速度增量分别为 112.94 m/s、93.21 m/s 和 15.5 m/s。需要注意的是，通过调节控制器参数可以进一步提高相对精度，但代价是要提供更加频繁的机动和更高的燃料消耗，故需要根据实际应用场景来确定是采取燃料最优的策略还是性能最优的策略。

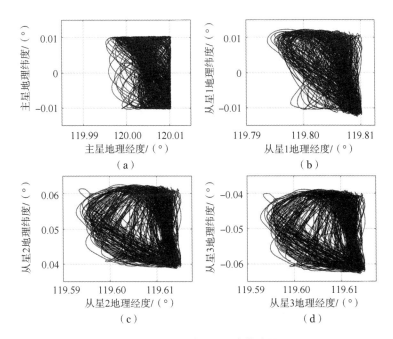

图 8.2　卫星编队星下点轨迹图

（a）主星星下点轨迹；（b）从星 1 星下点轨迹；
（c）从星 2 星下点轨迹；（d）从星 3 星下点轨迹

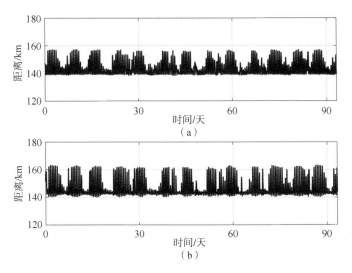

图 8.3　编队卫星间相对距离

（a）从星 1 相对主星的距离；（b）从星 2 相对从星 1 的距离

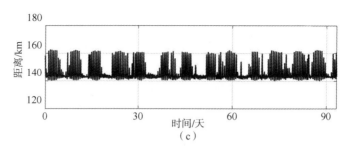

图 8.3　编队卫星间相对距离（续）

（c）从星 3 相对从星 1 的距离

8.4　小　结

本章主要研究针对静止轨道卫星编队构型保持的模型预测控制方法，对于采用线性化轨道相对动力学模型所产生的模型不确定性问题，通过设计误差管道实现了卫星编队的鲁棒控制。仿真结果表明，所设计的鲁棒控制器能够很好地克服空间环境摄动及模型不确定性，实现静止轨道卫星编队的构型保持。本章的控制器设计所采用的是连续变推力的推力模型，下一步可以开展脉冲推力模型及继电型推力模型的研究，同时针对性地进行优化设计，实现高精度、低消耗的构型保持方法。

参考文献

[1] 黄勇，李小将，王志恒，等. 卫星编队飞行相对位置自适应协同控制 [J]. 宇航学报，2014，35（12）：1412-1421.

[2] EREN U，PRACH A，KOÇER B B，et al. Model predictive control in aerospace systems：current state and opportunities [J]. Journal of Guidance，Control，and Dynamics，2017，40（7）：1541-1566.

[3] DI CAIRANO S，PARK H，KOLMANOVSKY I. Model predictive control approach for guidance of spacecraft rendezvous and proximity maneuvering

[J]. International Journal of Robust and Nonlinear Control, 2012, 22 (12): 1398 – 1427.

[4] HARTLEY E N, TRODDEN P A, RICHARDS A G, et al. Model predictive control system design and implementation for spacecraft rendezvous [J]. Control Engineering Practice, 2012, 20 (7): 695 – 713.

[5] 吴宝林, 曹喜滨. 基于模型预测的卫星编队队形机动控制 [J]. 吉林大学学报 (工学版), 2007, 37 (1): 218 – 223.

[6] WEISS A, KALABIC U V, DI CAIRANO S. Station keeping and momentum management of low – thrust satellites using MPC [J]. Aerospace Science and Technology, 2018, 76: 229 – 241.

[7] TRODDEN P, RICHARDS A G. Robust distributed model predictive control with cooperation [C]// 2007 European Control Conference, Kos, 2007: 2172 – 2178.

[8] RAKOVI S V, LEVINE W S, AÇIKMEŞE B. Elastic tube model predictive control [C]// American Control Conference, Boston, 2016: 3594 – 3599.

[9] MATA S, ZUBIZARRETA A, PINTO C. Robust tube – based model predictive control for lateral path tracking [J]. IEEE Transactions on Intelligent Vehicles, 2019, 4 (4): 569 – 577.

第 9 章

通信卫星事件驱动姿轨耦合控制

|9.1 引 言|

第5~8章分别描述了对通信卫星的事件驱动姿态控制与事件驱动轨道控制。对于姿态控制问题，采用了姿态四元数进行模型表述与控制器设计；对于轨道控制问题，采用了轨道根数与笛卡儿坐标系来进行模型表述与控制器设计。上述模型能够很好地解决各自的问题，而且一般情况下将轨道与姿态分别进行控制，足以满足任务需求。然而，当考虑特定场景下相对精度较高的卫星控制问题（如轨道交会、编队飞行以及执行特别的空间任务）时，姿态与轨道的耦合便很难被忽略。对于姿轨耦合控制问题，传统的姿态控制模型与轨道控制模型很难做到两者兼顾。本章针对静止轨道卫星姿轨耦合控制问题，采用对偶四元数的方法进行姿轨耦合动力学与运动学建模[1-3]。以对偶四元数为基础，本章设计了事件驱动的自抗扰控制器，在考虑外部干扰和内部建模不确定性的情况下，可保证卫星姿轨控制的稳定性和有效性。

|9.2 对偶四元数|

9.2.1 坐标系定义

为了便于描述，如图9.1所示，给出如下相关坐标系的定义。图中，

r_{DI} 为目标卫星本体坐标系相对地心惯性坐标系距离，r_{BI} 为追踪卫星本体坐标系相对地心惯性坐标系距离，r_{BD} 为追踪卫星本体坐标系相对目标卫星本体坐标系距离。

1）地心惯性坐标系 $O_i x_i y_i z_i$

地心惯性坐标系的坐标原点位于地心 O_i，$x_i y_i$ 平面与赤道平面重合，x_i 轴指向春分点 γ，z_i 轴垂直于赤道面、指向北极，y_i 轴与 x_i 轴、z_i 轴构成右手正交坐标系。

2）追踪卫星本体坐标系 $O_b x_b y_b z_b$

追踪卫星本体坐标系的坐标原点 O_b 位于追踪卫星的质心，三个坐标轴方向分别与追踪卫星的惯量主轴重合。

3）目标卫星本体坐标系 $O_d x_d y_d z_d$

目标卫星本体坐标系的坐标原点 O_d 位于目标卫星的质心，三个坐标轴方向分别与目标卫星的惯量主轴重合。

4）相对运动参考坐标系 $Oxyz$

相对运动参考坐标系的坐标原点 O 在目标卫星的质心，x 轴由地心指向目标卫星的质心，z 轴沿目标卫星轨道角动量方向，y 轴与 x 轴、z 轴构成右手正交坐标系。相对运动参考坐标系又称 LVLH 坐标系。

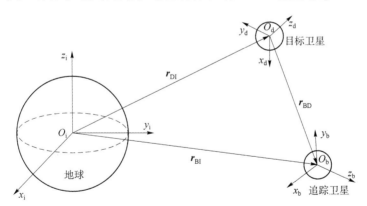

图 9.1　坐标系定义

9.2.2　对偶四元数

对偶数首先由 Clifford 提出，其定义为[4]

$$\hat{a} = a + \varepsilon a', \tag{9.1}$$

式中，a,a'——实数，a' 称为 a 的对偶部分；

ε——满足 $\varepsilon^2 = 0$ 且 $\varepsilon \neq 0$。例如，在向量代数中，$\boldsymbol{\varepsilon} = \begin{bmatrix} 0 & 0 \\ x & 0 \end{bmatrix}$（$x$ 为实数），满足上述条件。

对偶四元数可以看作实数部分和对偶部分均为四元数的对偶数，即

$$\hat{\boldsymbol{q}} = \boldsymbol{q} + \varepsilon\boldsymbol{q}', \tag{9.2}$$

式中，$\boldsymbol{q},\boldsymbol{q}'$——四元数。

共轭对偶四元数定义为

$$\hat{\boldsymbol{q}}^* = \boldsymbol{q}^* + \varepsilon\boldsymbol{q}'^*, \tag{9.3}$$

式中，$\hat{\boldsymbol{q}}^*$——对偶四元数 $\hat{\boldsymbol{q}}$ 的共轭；

$\boldsymbol{q}^*,\boldsymbol{q}'^*$——四元数 $\boldsymbol{q}$ 和 $\boldsymbol{q}'$ 的共轭。

根据沙勒定理（Chasles theorem），刚体的一般运动可以被描述为刚体绕某个轴（称为螺旋轴）的旋转运动，以及沿平行于该轴方向的平移运动所合成的螺旋运动。因此，使用对偶四元数这一参数同时统一地描述刚体的平移与转动两种运动。相比于其他描述方式，对偶四元数能有效描述这种螺旋运动，并写成非常简洁的形式。此外，对偶四元数还保留了四元数的一些优点，例如有明确的物理意义、无三角函数运算、能避免卫星在大角度机动时的奇异性等。

单位对偶四元数可以用来描述坐标系的六自由度运动，包括转动运动和平移运动。如图 9.2 所示，由坐标系 O 到坐标系 N 的变换可由先转动 $\boldsymbol{q}$ 再平移 $\boldsymbol{p}^{\mathrm{N}}$ 或先平移 $\boldsymbol{p}^{\mathrm{O}}$ 再转动 $\boldsymbol{q}$ 实现。

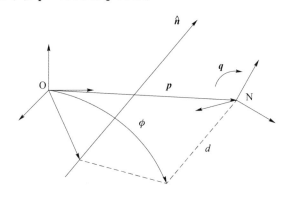

图 9.2　坐标系变换示意图

利用对偶四元数，该坐标系变换可描述为

$$\hat{q} = q + \varepsilon q'$$

$$= q + \varepsilon \frac{1}{2} p^{O} * q$$

$$= q + \varepsilon \frac{1}{2} q * p^{N}. \tag{9.4}$$

由式（9.4）可知，p^{N} 和 p^{O} 也可表示为

$$\begin{cases} p^{O} = 2q' * q^{*}, \\ p^{N} = 2q^{*} * q'. \end{cases} \tag{9.5}$$

基于螺旋运动的运动参数，单位对偶四元数也可以写为[2]

$$\hat{q} = \left[\cos\left(\frac{\hat{\phi}}{2}\right), \sin\left(\frac{\hat{\phi}}{2}\right)\hat{n} \right], \tag{9.6}$$

式中，$\hat{n}$ ——螺旋轴；

$\hat{\phi} = \phi + \varepsilon d$，$\phi$ 为转角，d 为螺距。

此外，根据对偶四元数，我们可以将其转化为卫星的欧拉角。已知对偶四元数 $\hat{q}$，根据上述定义可知其实部即姿态四元数 $q = \begin{bmatrix} w & x & y & z \end{bmatrix}^{T}$，定义欧拉角到四元数的转换为

$$q = \begin{bmatrix} w \\ x \\ y \\ z \end{bmatrix} = \begin{bmatrix} \cos\left(\frac{\varphi}{2}\right)\cos\left(\frac{\theta}{2}\right)\cos\left(\frac{\psi}{2}\right) + \sin\left(\frac{\varphi}{2}\right)\sin\left(\frac{\theta}{2}\right)\sin\left(\frac{\psi}{2}\right) \\ \cos\left(\frac{\varphi}{2}\right)\cos\left(\frac{\theta}{2}\right)\cos\left(\frac{\psi}{2}\right) - \cos\left(\frac{\varphi}{2}\right)\sin\left(\frac{\theta}{2}\right)\sin\left(\frac{\psi}{2}\right) \\ \cos\left(\frac{\varphi}{2}\right)\sin\left(\frac{\theta}{2}\right)\cos\left(\frac{\psi}{2}\right) + \sin\left(\frac{\varphi}{2}\right)\cos\left(\frac{\theta}{2}\right)\sin\left(\frac{\psi}{2}\right) \\ \cos\left(\frac{\varphi}{2}\right)\cos\left(\frac{\theta}{2}\right)\sin\left(\frac{\psi}{2}\right) - \sin\left(\frac{\varphi}{2}\right)\sin\left(\frac{\theta}{2}\right)\cos\left(\frac{\psi}{2}\right) \end{bmatrix}. \tag{9.7}$$

根据上述定义，可以得到四元数到欧拉角的转换：

$$\begin{bmatrix} \varphi \\ \theta \\ \psi \end{bmatrix} = \begin{bmatrix} \arctan\dfrac{2(wx + yz)}{1 - 2(x^2 + y^2)} \\ \arcsin(2(wy - zx)) \\ \arctan\dfrac{2(wx + yz)}{1 - 2(z^2 + y^2)} \end{bmatrix}. \tag{9.8}$$

|9.3 基于对偶四元数的卫星姿轨耦合建模|

9.3.1 基于对偶四元数的卫星姿轨运动学建模

根据 9.2.2 节对坐标系变换的描述，以坐标系 $O_i x_i y_i z_i$ 与坐标系 $O_b x_b y_b z_b$ 为例，我们可以定义描述刚体卫星做螺旋运动的单位对偶四元数形式[3]：

$$
\begin{aligned}
\hat{q}_{BI} &= q_{BI,r} + \varepsilon q_{BI,d} \\
&= q_{BI} + \varepsilon \frac{1}{2} r_{BI}^{I} * q_{BI} \\
&= q_{BI} + \varepsilon \frac{1}{2} q_{BI} * r_{BI}^{B},
\end{aligned}
\tag{9.9}
$$

式中，q_{BI}——追踪卫星本体坐标系相对于地心惯性坐标系的姿态四元数；

r_{BI}^{I}, r_{BI}^{B}——地心惯性坐标系原点到卫星本体坐标系原点的位置矢量分别在地心惯性坐标系与卫星本体坐标系下的表示。

应当注意到，$\hat{q}_{BI}$ 的实数部分（即 $q_{BI,r}$，$q_{BI,r} = q_{BI}$）描述了卫星的姿态运动；而 $\hat{q}_{BI}$ 的对偶部分（即 $q_{BI,d}$）主要描述了卫星的轨道运动。

如果已知一个对偶四元数 $\hat{q}_{BI} = q_{BI,r} + \varepsilon q_{BI,d}$，那么可以根据式（9.10）、式（9.11）显式地解出卫星位置矢量（即地心到卫星质心的矢量）对应的四元数在地心惯性坐标系或卫星本体坐标系下的分量列阵 r_{BI}^{I} 或 r_{BI}^{B}：

$$
r_{BI}^{I} = 2 q_{BI,d} * q_{BI,r}^{*},
\tag{9.10}
$$

$$
r_{BI}^{B} = 2 q_{BI,r}^{*} * q_{BI,d}.
\tag{9.11}
$$

由于 $\hat{q}_{BI}$ 满足下式：

$$
\begin{aligned}
\hat{q}_{BI} \circ \hat{q}_{BI} &= (q_{BI} * q_{BI}) + \varepsilon \left(2 q_{BI} * \left(\frac{1}{2} r_{BI}^{I} * q_{BI} \right) \right) \\
&= 1 + \varepsilon (r_{BI}^{I} * (q_{BI} * q_{BI}^{*})) \\
&= 1 + \varepsilon (r_{BI}^{I} * 1) \\
&= 1 + \varepsilon 0 = \hat{1},
\end{aligned}
\tag{9.12}
$$

式中，$\mathbf{1}$——单位四元数，$\mathbf{1} \triangleq [1,0,0,0]^\mathrm{T}$；

　　　$\mathbf{0}$——零四元数，$\mathbf{0} \triangleq [0,0,0,0]^\mathrm{T}$；

　　　$\hat{\mathbf{1}}$——单位对偶四元数，$\hat{\mathbf{1}} = \mathbf{1} + \varepsilon\mathbf{0}$。

因此，上述用于描述位姿运动的对偶四元数是一个单位对偶四元数。需要注意，一个对偶四元数 $\hat{\boldsymbol{q}}$ 为单位对偶四元数的充要条件为它的实数部分 $\boldsymbol{q}_\mathrm{r}$ 和对偶部分 $\boldsymbol{q}_\mathrm{d}$ 满足

$$\boldsymbol{q}_\mathrm{r} * \boldsymbol{q}_\mathrm{r} = \mathbf{1} \text{ 且 } \boldsymbol{q}_\mathrm{r} * \boldsymbol{q}_\mathrm{d} = \mathbf{0}. \tag{9.13}$$

已知由单位四元数所表示的姿态运动学方程为

$$\dot{\boldsymbol{q}}_\mathrm{BI} = \frac{1}{2}\boldsymbol{\omega}_\mathrm{BI}^\mathrm{I} * \boldsymbol{q}_\mathrm{BI} = \frac{1}{2}\boldsymbol{q}_\mathrm{BI} * \boldsymbol{\omega}_\mathrm{BI}^\mathrm{B}. \tag{9.14}$$

由式（9.9），对 $\hat{\boldsymbol{q}}_\mathrm{BI}$ 求导并代入式（9.14），可得

$$\begin{aligned}
2\,\dot{\hat{\boldsymbol{q}}}_\mathrm{BI} &= 2\,\dot{\boldsymbol{q}}_\mathrm{BI} + \varepsilon(\dot{\boldsymbol{r}}_\mathrm{BI}^\mathrm{I} * \boldsymbol{q}_\mathrm{BI} + \boldsymbol{r}_\mathrm{BI}^\mathrm{I} * \dot{\boldsymbol{q}}_\mathrm{BI}) \\
&= 2\,\dot{\boldsymbol{q}}_\mathrm{BI} + \varepsilon\left(\dot{\boldsymbol{r}}_\mathrm{BI}^\mathrm{I} * \boldsymbol{q}_\mathrm{BI} + \boldsymbol{r}_\mathrm{BI}^\mathrm{I} * \frac{1}{2}\boldsymbol{\omega}_\mathrm{BI}^\mathrm{I} * \boldsymbol{q}_\mathrm{BI}\right) \\
&= 2\,\dot{\boldsymbol{q}}_\mathrm{BI} + \varepsilon\left(\dot{\boldsymbol{r}}_\mathrm{BI}^\mathrm{I} * \boldsymbol{q}_\mathrm{BI} + \boldsymbol{r}_\mathrm{BI}^\mathrm{I} \times \boldsymbol{\omega}_\mathrm{BI}^\mathrm{I} * \boldsymbol{q}_\mathrm{BI} + \frac{1}{2}\boldsymbol{\omega}_\mathrm{BI}^\mathrm{I} * \boldsymbol{r}_\mathrm{BI}^\mathrm{I} * \boldsymbol{q}_\mathrm{BI}\right) \\
&= (\boldsymbol{\omega}_\mathrm{BI}^\mathrm{I} + \varepsilon(\dot{\boldsymbol{r}}_\mathrm{BI}^\mathrm{I} + \boldsymbol{r}_\mathrm{BI}^\mathrm{I} \times \boldsymbol{\omega}_\mathrm{BI}^\mathrm{I})) * \left(\boldsymbol{q}_\mathrm{BI} + \frac{1}{2}\boldsymbol{r}_\mathrm{BI}^\mathrm{I} * \boldsymbol{q}_\mathrm{BI}\right) \\
&= \hat{\boldsymbol{\omega}}_\mathrm{BI}^\mathrm{I} \circ \hat{\boldsymbol{q}}_\mathrm{BI}.
\end{aligned} \tag{9.15}$$

对偶矢量 $\hat{\boldsymbol{\omega}}_\mathrm{BI}^\mathrm{I} = \boldsymbol{\omega}_\mathrm{BI}^\mathrm{I} + \varepsilon(\dot{\boldsymbol{r}}_\mathrm{BI}^\mathrm{I} + \boldsymbol{r}_\mathrm{BI}^\mathrm{I} \times \boldsymbol{\omega}_\mathrm{BI}^\mathrm{I})$，即追踪卫星本体坐标系 $O_\mathrm{b}x_\mathrm{b}y_\mathrm{b}z_\mathrm{b}$ 相对于地心惯性坐标系 $O_\mathrm{i}x_\mathrm{i}y_\mathrm{i}z_\mathrm{i}$ 的速度旋量在坐标系 $O_\mathrm{i}x_\mathrm{i}y_\mathrm{i}z_\mathrm{i}$ 下的对偶矢量表达，进一步可得出速度旋量在坐标系 $O_\mathrm{b}x_\mathrm{b}y_\mathrm{b}z_\mathrm{b}$ 下的对偶矢量表达：

$$\begin{aligned}
\hat{\boldsymbol{\omega}}_\mathrm{BI}^\mathrm{B} &= \hat{\boldsymbol{q}}_\mathrm{BI}^* \circ \hat{\boldsymbol{\omega}}_\mathrm{BI}^\mathrm{I} \circ \hat{\boldsymbol{q}}_\mathrm{BI} \\
&= \boldsymbol{\omega}_\mathrm{BI}^\mathrm{B} + \varepsilon(\boldsymbol{q}_\mathrm{BI}^* * (\dot{\boldsymbol{r}}_\mathrm{BI}^\mathrm{I} + \boldsymbol{r}_\mathrm{BI}^\mathrm{I} \times \boldsymbol{\omega}_\mathrm{BI}^\mathrm{I}) * \boldsymbol{q}_\mathrm{BI} + \boldsymbol{\omega}_\mathrm{BI}^\mathrm{B} \times \boldsymbol{r}_\mathrm{BI}^\mathrm{B}) \\
&= \boldsymbol{\omega}_\mathrm{BI}^\mathrm{B} + \varepsilon(\dot{\boldsymbol{r}}_\mathrm{BI}^\mathrm{B} + \boldsymbol{\omega}_\mathrm{BI}^\mathrm{B} \times \boldsymbol{r}_\mathrm{BI}^\mathrm{B}).
\end{aligned} \tag{9.16}$$

综合式（9.15）和式（9.16）可知，利用对偶四元数表示的刚体空间运动学方程为

$$\dot{\hat{\boldsymbol{q}}}_\mathrm{BI} = \frac{1}{2}\hat{\boldsymbol{\omega}}_\mathrm{BI}^\mathrm{I} \circ \hat{\boldsymbol{q}}_\mathrm{BI} = \frac{1}{2}\hat{\boldsymbol{q}}_\mathrm{BI} \circ \hat{\boldsymbol{\omega}}_\mathrm{BI}^\mathrm{B}. \tag{9.17}$$

与之类似，在目标卫星本体坐标系 $O_\mathrm{d}x_\mathrm{d}y_\mathrm{d}z_\mathrm{d}$ 下，我们可以定义描述刚体目标卫星做螺旋运动的单位对偶四元数形式：

$$\hat{\boldsymbol{q}}_{DI} = \boldsymbol{q}_{DI,r} + \varepsilon \boldsymbol{q}_{DI,d}$$

$$= \boldsymbol{q}_{DI} + \varepsilon \frac{1}{2} \boldsymbol{r}_{DI}^{I} * \boldsymbol{q}_{DI}$$

$$= \boldsymbol{q}_{DI} + \varepsilon \frac{1}{2} \boldsymbol{q}_{DI} * \boldsymbol{r}_{DI}^{D}. \tag{9.18}$$

目标卫星本体坐标系 $O_d x_d y_d z_d$ 相对于地心惯性坐标系 $O_i x_i y_i z_i$ 的速度旋量在坐标系 $O_i x_i y_i z_i$ 下表达的对偶矢量为 $\hat{\boldsymbol{\omega}}_{DI}^{I} = \boldsymbol{\omega}_{DI}^{I} + \varepsilon(\dot{\boldsymbol{r}}_{DI}^{I} + \boldsymbol{r}_{DI}^{I} \times \boldsymbol{\omega}_{DI}^{I})$，而速度旋量在目标卫星本体坐标系 $O_d x_d y_d z_d$ 下表达的对偶矢量为[5]

$$\hat{\boldsymbol{\omega}}_{DI}^{D} = \hat{\boldsymbol{q}}_{DI}^{*} \circ \hat{\boldsymbol{\omega}}_{DI}^{I} \circ \hat{\boldsymbol{q}}_{DI}$$

$$= \boldsymbol{\omega}_{DI}^{D} + \varepsilon(\boldsymbol{q}_{DI}^{*} * (\dot{\boldsymbol{r}}_{DI}^{I} + \boldsymbol{r}_{DI}^{I} \times \boldsymbol{\omega}_{DI}^{I}) * \boldsymbol{q}_{DI} + \boldsymbol{\omega}_{DI}^{D} \times \boldsymbol{r}_{DI}^{D})$$

$$= \boldsymbol{\omega}_{DI}^{D} + \varepsilon(\dot{\boldsymbol{r}}_{DI}^{D} + \boldsymbol{\omega}_{DI}^{D} \times \boldsymbol{r}_{DI}^{D}). \tag{9.19}$$

9.3.2 基于对偶四元数的卫星姿轨动力学建模

在建模中，我们将卫星视作刚体，而刚体又可看作由许多质量元组成，且每个质量元都有唯一的速度旋量。速度旋量的实部描述角速度，其不受参考点选取的影响，但是旋量的对偶部分则与参考点选取有关。以图 9.3 所示的空间刚体为例，设其某时刻旋转角速度为 $\boldsymbol{\omega}$，则整个刚体在该时刻的角速度 $\boldsymbol{\omega}$ 为固定值，而对于刚体上的某一点 A，定位 $\boldsymbol{v}_A$ 是随着参考点选取不同而变化的，速度旋量 $\hat{\boldsymbol{\omega}}_A = \boldsymbol{\omega} + \varepsilon \boldsymbol{v}_A$。

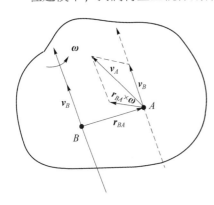

图 9.3 刚体微元动量旋量

每个质量元的质量元线动量等于其对偶质量乘以速度旋量，可表示为

$$\mathrm{d}\hat{m}_A \, \hat{\boldsymbol{\omega}}_A = \mathrm{d}m_A \frac{\mathrm{d}}{\mathrm{d}\varepsilon}(\boldsymbol{\omega} + \varepsilon \boldsymbol{v}_A) = \boldsymbol{v}_A \mathrm{d}m_A, \tag{9.20}$$

式中，$\mathrm{d}\hat{m} \dfrac{\mathrm{d}}{\mathrm{d}\varepsilon}$——质量元的对偶质量，算子 $\dfrac{\mathrm{d}}{\mathrm{d}\varepsilon}$ 与对偶单元 ε 具有互补的定义，即对于某一对偶矢量 $\hat{\boldsymbol{v}}$，有：

$$\varepsilon \hat{\boldsymbol{v}} = \varepsilon(\boldsymbol{v} + \varepsilon \boldsymbol{v}') = \varepsilon \boldsymbol{v}, \quad \frac{\mathrm{d}}{\mathrm{d}\varepsilon} \hat{\boldsymbol{v}} = \frac{\mathrm{d}}{\mathrm{d}\varepsilon}(\boldsymbol{v} + \varepsilon \boldsymbol{v}') = \boldsymbol{v}'. \tag{9.21}$$

式中，v，v'——对偶矢量 $\hat{v}$ 的实部与对偶部。

对图 9.3 所示的刚体，其螺旋轴经过点 B，微元 $\mathrm{d}m_A$ 相对于点 B 静止，所以 $\mathrm{d}m_A$ 的线速度 v_A 与速度旋量 $\hat{\boldsymbol{\omega}}_A$ 为

$$v_A = v_B + \boldsymbol{\omega} \times r_{BA}, \tag{9.22}$$

$$\hat{\boldsymbol{\omega}}_A = \boldsymbol{\omega} + \varepsilon v_A = \boldsymbol{\omega} + \varepsilon(v_B + \boldsymbol{\omega} \times r_{BA}). \tag{9.23}$$

由旋量对不同参考点的转换法则可知，质量元相对于参考点 B 的对偶动量为 $\hat{\boldsymbol{S}}_{BA}(\mathrm{d}\hat{m}_A\,\hat{\boldsymbol{\omega}}_A)$，刚体的对偶动量 $\hat{\boldsymbol{H}}_B$ 可通过对质量元的线动量在整个刚体上积分获得，即

$$\hat{\boldsymbol{H}}_B = \int \hat{\boldsymbol{S}}_{BA}(\mathrm{d}\hat{m}_A\,\hat{\boldsymbol{\omega}}_A). \tag{9.24}$$

式中，$\hat{\boldsymbol{S}}_{BA}$——位移算子，$\hat{\boldsymbol{S}}_{BA} = 1 + \varepsilon(r_{BA}\times)$，形式如下：

$$\hat{\boldsymbol{S}}_{BA} = \begin{bmatrix} 1 & -\varepsilon r_{BA,z} & \varepsilon r_{BA,y} \\ \varepsilon r_{BA,z} & 1 & \varepsilon r_{BA,x} \\ -\varepsilon r_{BA,y} & \varepsilon r_{BA,x} & 1 \end{bmatrix}. \tag{9.25}$$

将式（9.25）代入式（9.24），有：

$$\begin{aligned} \hat{\boldsymbol{H}}_B &= \int (1 + \varepsilon(r_{BA}\times))(v_A\mathrm{d}m_A) \\ &= \int v_A\mathrm{d}m_A + \varepsilon\int r_{BA} \times v_A\mathrm{d}m_A \\ &= \int v_B\mathrm{d}m_A + \boldsymbol{\omega} \times \int r_{BA}\mathrm{d}m_A - \\ &\quad \varepsilon(v_B \times \int r_{BA}\mathrm{d}m_A) + \varepsilon\int r_{BA} \times (\boldsymbol{\omega} \times r_{BA})\mathrm{d}m_A. \end{aligned} \tag{9.26}$$

当参考点 B 与质心 C 重合时，根据质心定义有 $\int r_{BA}\mathrm{d}m_A = 0$，则式（9.26）可改写为

$$\hat{\boldsymbol{H}}_C = \int v_C\mathrm{d}m_A + \varepsilon\int r_{BA} \times (\boldsymbol{\omega} \times r_{BA})\mathrm{d}m_A. \tag{9.27}$$

根据 Brodsky 等[6]提出的刚体质量和转动惯量也具有对偶性质的观点，定义 $\mathrm{d}\hat{m} = \mathrm{d}m\dfrac{\mathrm{d}}{\mathrm{d}\varepsilon}$ 描述具有对偶特性的质量单元，则刚体对偶惯量矩阵为

$$\hat{\boldsymbol{J}}_{\mathrm{M}} = m \frac{\mathrm{d}}{\mathrm{d}\varepsilon} \boldsymbol{E}_{3\times3} + \varepsilon \boldsymbol{J}$$

$$= \begin{bmatrix} m \dfrac{\mathrm{d}}{\mathrm{d}\varepsilon} + \varepsilon J_{xx} & \varepsilon J_{xy} & \varepsilon J_{xz} \\[2mm] \varepsilon J_{yx} & m \dfrac{\mathrm{d}}{\mathrm{d}\varepsilon} + \varepsilon J_{yy} & \varepsilon J_{yz} \\[2mm] \varepsilon J_{zx} & \varepsilon J_{zy} & m \dfrac{\mathrm{d}}{\mathrm{d}\varepsilon} + \varepsilon J_{zz} \end{bmatrix}, \qquad (9.28)$$

式中，m——卫星的质量；

$\boldsymbol{J}$——卫星转动惯量；

$\boldsymbol{E}_{3\times3}$——单位矩阵。

则刚体以质心 C 为参考点的动量旋量为

$$\hat{\boldsymbol{H}}_C = \hat{\boldsymbol{J}}_{\mathrm{M}} \hat{\boldsymbol{\omega}}_C = m\boldsymbol{v}_C + \varepsilon \boldsymbol{J}\boldsymbol{\omega}. \qquad (9.29)$$

式中，$\hat{\boldsymbol{\omega}}_C$——刚体速度旋量。

则由动量定理可以得出对偶形式的动力学方程为

$$\hat{\boldsymbol{F}}_C = \frac{\mathrm{d}}{\mathrm{d}t} \hat{\boldsymbol{H}}_C = \hat{\boldsymbol{J}}_{\mathrm{M}} \dot{\hat{\boldsymbol{\omega}}}_C + \hat{\boldsymbol{\omega}}_C \times \hat{\boldsymbol{J}}_{\mathrm{M}} \hat{\boldsymbol{\omega}}_C. \qquad (9.30)$$

式中，$\dot{\hat{\boldsymbol{\omega}}}_C$——$\hat{\boldsymbol{\omega}}_C$ 的导数。

由此，可以得出对偶形式的追踪卫星的动力学方程如下[6]：

$$\hat{\boldsymbol{J}}_{\mathrm{M}} \dot{\hat{\boldsymbol{\omega}}}_{\mathrm{BI}}^{\mathrm{B}} = -\hat{\boldsymbol{\omega}}_{\mathrm{BI}}^{\mathrm{B}} \times \hat{\boldsymbol{J}}_{\mathrm{M}} \hat{\boldsymbol{\omega}}_{\mathrm{BI}}^{\mathrm{B}} + \hat{\boldsymbol{F}}^{\mathrm{B}}, \qquad (9.31)$$

$$\dot{\hat{\boldsymbol{\omega}}}_{\mathrm{BI}}^{\mathrm{B}} = \hat{\boldsymbol{J}}_{\mathrm{M}}^{-1} (-\hat{\boldsymbol{\omega}}_{\mathrm{BI}}^{\mathrm{B}} \times \hat{\boldsymbol{J}}_{\mathrm{M}} \hat{\boldsymbol{\omega}}_{\mathrm{BI}}^{\mathrm{B}} + \hat{\boldsymbol{F}}^{\mathrm{B}}). \qquad (9.32)$$

式中，$\hat{\boldsymbol{J}}_{\mathrm{M}}$——追踪卫星的对偶惯量阵，$\hat{\boldsymbol{J}}_{\mathrm{M}} = m \dfrac{\mathrm{d}}{\mathrm{d}\varepsilon} \boldsymbol{E}_{3\times3} + \varepsilon \boldsymbol{J}$；

$\dot{\hat{\boldsymbol{\omega}}}_{\mathrm{BI}}^{\mathrm{B}}$——$\hat{\boldsymbol{\omega}}_{\mathrm{BI}}^{\mathrm{B}}$ 在追踪卫星本体坐标系中的导数；

$\hat{\boldsymbol{\omega}}_{\mathrm{BI}}^{\mathrm{B}}$——卫星质心的速度旋量；

$\hat{\boldsymbol{F}}^{\mathrm{B}}$——作用于卫星的对偶力，$\hat{\boldsymbol{F}}^{\mathrm{B}} = \boldsymbol{F}^{\mathrm{B}} + \varepsilon \boldsymbol{T}^{\mathrm{B}} = \hat{\boldsymbol{F}}_{\mathrm{u}} + \hat{\boldsymbol{F}}_{\mathrm{g}} + \hat{\boldsymbol{F}}_{\mathrm{d}}$。其中，

$\hat{\boldsymbol{F}}_{\mathrm{u}}$ 的实数部分为控制力，对偶部分为控制力矩；$\hat{\boldsymbol{F}}_{\mathrm{g}}$ 的实数部分 $\boldsymbol{f}_{\mathrm{g}}^{\mathrm{B}} = \dfrac{-\mu m \boldsymbol{r}_{\mathrm{BI}}^{\mathrm{B}}}{\| \boldsymbol{r}_{\mathrm{BI}}^{\mathrm{B}} \|^3}$

为地球万有引力，μ 为万有引力常数，对偶部分 $\boldsymbol{\tau}_{\mathrm{g}}^{\mathrm{B}} = \dfrac{3\mu \boldsymbol{r}_{\mathrm{BI}}^{\mathrm{B}} \times \boldsymbol{J} \cdot \boldsymbol{r}_{\mathrm{BI}}^{\mathrm{B}}}{\| \boldsymbol{r}_{\mathrm{BI}}^{\mathrm{B}} \|^5}$ 为重力梯

度力矩；$\hat{\boldsymbol{F}}_{\mathrm{d}}$ 为对偶干扰力。

9.3.3 基于误差对偶四元数的卫星相对姿轨运动学建模

本体坐标系 B 相对于期望坐标系 D 的姿态误差对偶四元数定义为

$$\hat{\boldsymbol{q}}_{BD} = \hat{\boldsymbol{q}}_{DI}^* \circ \hat{\boldsymbol{q}}_{BI}, \tag{9.33}$$

式中，定义的误差对偶四元数仍然是一个单位对偶四元数，$\hat{\boldsymbol{q}}_{BD}$ 的定义与式（9.9）、式（9.18）中定义的 $\hat{\boldsymbol{q}}_{BI}$、$\hat{\boldsymbol{q}}_{DI}$ 一致，可以表达为

$$
\begin{aligned}
\hat{\boldsymbol{q}}_{BD} &= \boldsymbol{q}_{BD,r} + \varepsilon \boldsymbol{q}_{BD,d} \\
&= \boldsymbol{q}_{BD} + \varepsilon \frac{1}{2} \boldsymbol{r}_{BD}^D * \boldsymbol{q}_{BD} \\
&= \boldsymbol{q}_{BD} + \varepsilon \frac{1}{2} \boldsymbol{q}_{BD} * \boldsymbol{r}_{BD}^B,
\end{aligned}
\tag{9.34}
$$

式中，$\boldsymbol{q}_{BD}$ ——追踪卫星本体坐标系相对于目标卫星本体坐标系的姿态四元数；

$\boldsymbol{r}_{BD}^B, \boldsymbol{r}_{BD}^D$ ——追踪卫星与目标卫星的相对距离在追踪卫星本体坐标系及目标卫星本体坐标系下的分量。

与 9.3.1 节中的追踪卫星运动学模型类似，可以得到基于误差对偶四元数的卫星相对姿轨运动学模型：

$$\dot{\hat{\boldsymbol{q}}}_{BD} = \frac{1}{2} \hat{\boldsymbol{\omega}}_{BD}^D \circ \hat{\boldsymbol{q}}_{BD} = \frac{1}{2} \hat{\boldsymbol{q}}_{BD} \circ \hat{\boldsymbol{\omega}}_{BD}^B. \tag{9.35}$$

本体坐标系 B 相对于期望坐标系 D 的速度旋量差值为

$$
\begin{aligned}
\hat{\boldsymbol{\omega}}_{BD}^B &= \hat{\boldsymbol{\omega}}_{BI}^B - \hat{\boldsymbol{q}}_{BD}^* \circ \hat{\boldsymbol{\omega}}_{DI}^D \circ \hat{\boldsymbol{q}}_{BD} \\
&= \hat{\boldsymbol{\omega}}_{BI}^B - \hat{\boldsymbol{\omega}}_{DI}^B.
\end{aligned}
\tag{9.36}
$$

与之类似，式（9.36）也可以表达为式（9.16）的形式，即

$$\hat{\boldsymbol{\omega}}_{BD}^B = \boldsymbol{\omega}_{BD}^B + \varepsilon(\dot{\boldsymbol{r}}_{BD}^B + \boldsymbol{\omega}_{BD}^B \times \boldsymbol{r}_{BD}^B). \tag{9.37}$$

9.3.4　基于误差对偶四元数的卫星相对姿轨动力学建模

对式（9.37）两边同时求导并代入式（9.35），可得：

$$\hat{\boldsymbol{J}}_M \dot{\hat{\boldsymbol{\omega}}}_{BD}^B = -\hat{\boldsymbol{\omega}}_{BI}^B \times \hat{\boldsymbol{J}}_M \hat{\boldsymbol{\omega}}_{BI}^B + \hat{\boldsymbol{F}}^B - \hat{\boldsymbol{J}}_M(\hat{\boldsymbol{q}}_{BD}^* \circ \hat{\boldsymbol{\omega}}_{DI}^D \circ \hat{\boldsymbol{q}}_{BD}) + \hat{\boldsymbol{J}}_M(\hat{\boldsymbol{\omega}}_{BD}^B \times \hat{\boldsymbol{\omega}}_{DI}^B). \tag{9.38}$$

式（9.39）即追踪卫星相对目标卫星的姿轨耦合动力学方程，该方程统一描述了卫星的姿态与轨道运动，便于设计控制器控制卫星运动。

9.4　事件驱动自抗扰控制

9.4.1　卫星相对姿轨耦合模型

令 $\hat{\boldsymbol{z}} = \hat{\boldsymbol{\omega}}_{BD}^B + \boldsymbol{K}\hat{\boldsymbol{q}}_{BD}$，则式（9.38）可改写为

$$\hat{\boldsymbol{J}}_{\mathrm{M}}\dot{\hat{\boldsymbol{z}}} = -\hat{\boldsymbol{\omega}}_{\mathrm{BI}}^{\mathrm{B}} \times \hat{\boldsymbol{J}}_{\mathrm{M}}\hat{\boldsymbol{\omega}}_{\mathrm{BI}}^{\mathrm{B}} + \hat{\boldsymbol{F}}^{\mathrm{B}} - \hat{\boldsymbol{J}}_{\mathrm{M}}(\hat{\boldsymbol{q}}_{\mathrm{BD}}^{*} \circ \dot{\hat{\boldsymbol{\omega}}}_{\mathrm{DI}}^{\mathrm{D}} \circ \hat{\boldsymbol{q}}_{\mathrm{BD}}) +$$

$$\hat{\boldsymbol{J}}_{\mathrm{M}}(\hat{\boldsymbol{\omega}}_{\mathrm{BD}}^{\mathrm{B}} \times \hat{\boldsymbol{\omega}}_{\mathrm{DI}}^{\mathrm{B}}) + \frac{1}{2}\hat{\boldsymbol{J}}_{\mathrm{M}}\boldsymbol{K}\,\hat{\boldsymbol{q}}_{\mathrm{BD}} \circ \hat{\boldsymbol{\omega}}_{\mathrm{BD}}^{\mathrm{B}}. \tag{9.39}$$

式中，$\boldsymbol{K}$——给定的正定矩阵。

由于燃料消耗和有效载荷的变化，控制系统中可能存在惯性矩阵的参数不确定性。参数不确定性的惯量矩阵描述为 $\hat{\boldsymbol{J}} = \hat{\boldsymbol{J}}_{\mathrm{M}} + \Delta\hat{\boldsymbol{J}}$，其中 $\hat{\boldsymbol{J}}_{\mathrm{M}}$ 表示对偶惯量矩阵，$\Delta\hat{\boldsymbol{J}}$ 表示与 $\hat{\boldsymbol{J}}$ 相关的不确定性。因此，式（9.39）给出的动力学模型可以改写为

$$(\hat{\boldsymbol{J}}_{\mathrm{M}} + \Delta\hat{\boldsymbol{J}})\dot{\hat{\boldsymbol{z}}} = -\hat{\boldsymbol{\omega}}_{\mathrm{BI}}^{\mathrm{B}} \times (\hat{\boldsymbol{J}}_{\mathrm{M}} + \Delta\hat{\boldsymbol{J}})\hat{\boldsymbol{\omega}}_{\mathrm{BI}}^{\mathrm{B}} + \hat{\boldsymbol{F}}^{\mathrm{B}} - (\hat{\boldsymbol{J}}_{\mathrm{M}} + \Delta\hat{\boldsymbol{J}})(\hat{\boldsymbol{q}}_{\mathrm{BD}}^{*} \circ \dot{\hat{\boldsymbol{\omega}}}_{\mathrm{DI}}^{\mathrm{D}} \circ \hat{\boldsymbol{q}}_{\mathrm{BD}}) +$$

$$(\hat{\boldsymbol{J}}_{\mathrm{M}} + \Delta\hat{\boldsymbol{J}})(\hat{\boldsymbol{\omega}}_{\mathrm{BD}}^{\mathrm{B}} \times \hat{\boldsymbol{\omega}}_{\mathrm{DI}}^{\mathrm{B}}) + \frac{1}{2}(\hat{\boldsymbol{J}}_{\mathrm{M}} + \Delta\hat{\boldsymbol{J}})\boldsymbol{K}\,\hat{\boldsymbol{q}}_{\mathrm{BD}} \circ \hat{\boldsymbol{\omega}}_{\mathrm{BD}}^{\mathrm{B}}. \tag{9.40}$$

由矩阵逆的性质，$(\hat{\boldsymbol{J}}_{\mathrm{M}} + \Delta\hat{\boldsymbol{J}})^{-1}$ 可以表示为

$$\begin{cases} (\hat{\boldsymbol{J}}_{\mathrm{M}} + \Delta\hat{\boldsymbol{J}})^{-1} = \hat{\boldsymbol{J}}_{\mathrm{M}}^{-1} + \Delta\overline{\hat{\boldsymbol{J}}}, \\ \Delta\overline{\hat{\boldsymbol{J}}} = -(\boldsymbol{I}_{6} + \hat{\boldsymbol{J}}_{\mathrm{M}}^{-1}\Delta\hat{\boldsymbol{J}})^{-1}\hat{\boldsymbol{J}}_{\mathrm{M}}^{-1}\Delta\hat{\boldsymbol{J}}\hat{\boldsymbol{J}}_{\mathrm{M}}^{-1}, \end{cases} \tag{9.41}$$

式中，$\Delta\boldsymbol{J}$——加性不确定项。

那么式（9.40）可以表示为

$$\dot{\hat{\boldsymbol{z}}} = \boldsymbol{F} + \boldsymbol{G} + \hat{\boldsymbol{J}}_{\mathrm{M}}^{-1}\hat{\boldsymbol{F}}_{\mathrm{u}} + \overline{\boldsymbol{d}}, \tag{9.42}$$

式中，

$$\boldsymbol{F} = \hat{\boldsymbol{J}}_{\mathrm{M}}^{-1}[-\hat{\boldsymbol{\omega}}_{\mathrm{BI}}^{\mathrm{B}} \times \hat{\boldsymbol{J}}_{\mathrm{M}}\hat{\boldsymbol{\omega}}_{\mathrm{BI}}^{\mathrm{B}} - \hat{\boldsymbol{J}}_{\mathrm{M}}(\hat{\boldsymbol{q}}_{\mathrm{BD}}^{*} \circ \dot{\hat{\boldsymbol{\omega}}}_{\mathrm{DI}}^{\mathrm{D}} \circ \hat{\boldsymbol{q}}_{\mathrm{BD}}) +$$

$$\hat{\boldsymbol{J}}_{\mathrm{M}}(\hat{\boldsymbol{\omega}}_{\mathrm{BD}}^{\mathrm{B}} \times \hat{\boldsymbol{\omega}}_{\mathrm{DI}}^{\mathrm{B}}) + \frac{1}{2}\hat{\boldsymbol{J}}_{\mathrm{M}}\boldsymbol{K}\,\hat{\boldsymbol{q}}_{\mathrm{BD}} \circ \hat{\boldsymbol{\omega}}_{\mathrm{BD}}^{\mathrm{B}}], \tag{9.43}$$

$$\boldsymbol{G} = \Delta\overline{\hat{\boldsymbol{J}}}[-\hat{\boldsymbol{\omega}}_{\mathrm{BI}}^{\mathrm{B}} \times \Delta\hat{\boldsymbol{J}}\hat{\boldsymbol{\omega}}_{\mathrm{BI}}^{\mathrm{B}} - \Delta\hat{\boldsymbol{J}}(\hat{\boldsymbol{q}}_{\mathrm{BD}}^{*} \circ \dot{\hat{\boldsymbol{\omega}}}_{\mathrm{DI}}^{\mathrm{D}} \circ \hat{\boldsymbol{q}}_{\mathrm{BD}}) +$$

$$\Delta\hat{\boldsymbol{J}}(\hat{\boldsymbol{\omega}}_{\mathrm{BD}}^{\mathrm{B}} \times \hat{\boldsymbol{\omega}}_{\mathrm{DI}}^{\mathrm{B}}) + \frac{1}{2}\Delta\hat{\boldsymbol{J}}\boldsymbol{K}\,\hat{\boldsymbol{q}}_{\mathrm{BD}} \circ \hat{\boldsymbol{\omega}}_{\mathrm{BD}}^{\mathrm{B}}] + \Delta\overline{\hat{\boldsymbol{J}}}\hat{\boldsymbol{F}}_{\mathrm{u}}, \tag{9.44}$$

$$\overline{\boldsymbol{d}} = (\hat{\boldsymbol{J}}_{\mathrm{M}}^{-1} + \Delta\overline{\hat{\boldsymbol{J}}})(\hat{\boldsymbol{F}}_{\mathrm{g}} + \hat{\boldsymbol{F}}_{\mathrm{d}}). \tag{9.45}$$

式（9.42）即本章所设计的姿态跟踪误差系统形式。

9.4.2 事件驱动扩张状态观测器设计

根据9.4.1节建立的基于对偶四元数的卫星相对姿轨耦合模型，引入扩张状态观测器观测系统状态及总扰动。扩张状态观测器将内部不确定性

和外部扰动视为总扰动，定义为扩张状态。本章中，扩张状态 $\hat{\boldsymbol{x}}_2$ 定义为

$$\hat{\boldsymbol{x}}_2 := \boldsymbol{F} + \boldsymbol{G} + \overline{\boldsymbol{d}}. \tag{9.46}$$

为描述统一，定义 $\hat{\boldsymbol{x}}_1 := \boldsymbol{z}$，则式（9.42）可以写为

$$\dot{\hat{\boldsymbol{x}}}_1 = \hat{\boldsymbol{x}}_2 + \hat{\boldsymbol{J}}_{\mathrm{M}}^{-1}\hat{\boldsymbol{F}}_{\mathrm{u}}, \dot{\hat{\boldsymbol{x}}}_2 = \boldsymbol{h}(t), \tag{9.47}$$

式中，$\boldsymbol{h}(t)$——有界函数。

式（9.46）中的扩张状态 $\hat{\boldsymbol{x}}_2$ 表示总扰动，其整合了未知扰动信息、J_2 摄动力、速度旋量和姿态对偶四元数的各种信息。

根据以上描述设计事件驱动扩张状态观测器（ET - ESO）：

$$\begin{cases} \dot{\tilde{\boldsymbol{x}}}_1(t) = \tilde{\boldsymbol{x}}_2(t) + g_1\left[\dfrac{1}{\varepsilon}(\boldsymbol{\xi}(t) - \tilde{\boldsymbol{x}}_1(t))\right] + \hat{\boldsymbol{J}}_{\mathrm{M}}^{-1}\hat{\boldsymbol{F}}_{\mathrm{u}}, \tilde{\boldsymbol{x}}_1(t_0) = \tilde{\boldsymbol{x}}_{10}, \\ \dot{\tilde{\boldsymbol{x}}}_2(t) = \dfrac{1}{\varepsilon}g_2\left[\dfrac{1}{\varepsilon}(\boldsymbol{\xi}(t) - \tilde{\boldsymbol{x}}_1(t))\right], \tilde{\boldsymbol{x}}_2(t_0) = \tilde{\boldsymbol{x}}_{20}, \end{cases} \tag{9.48}$$

该观测器包含 8 个子观测器，$[\tilde{x}_{1i}, \tilde{x}_{2i}]^{\mathrm{T}} \in \mathbb{R}^2$ 是第 i 个观测器的状态，$i \in \{1, 2, \cdots, 8\}$；$[\tilde{x}_{1i0}, \tilde{x}_{2i0}]^{\mathrm{T}} \in \mathbb{R}^2$，是 $[\tilde{x}_{1i}\tilde{x}_{2i}]$ 的初始值，ε_i 是第 i 个观测器的高增益参数，$\dfrac{1}{\varepsilon} = \left\{\dfrac{1}{\varepsilon_1}, \dfrac{1}{\varepsilon_2}, \cdots, \dfrac{1}{\varepsilon_8}\right\}$。在任意向量 $\boldsymbol{a} = [a_1, a_2, a_3, a_4, a_5, a_6, a_7, a_8]^{\mathrm{T}} \in \mathbb{R}^8$ 上的算子 $\boldsymbol{g}_j(\boldsymbol{a}) \in \mathbb{R}^8, j \in \{1, 2\}$ 定义为 $\boldsymbol{g}_j(\boldsymbol{a}) = [g_{j1}(a_1), g_{j2}(a_2), g_{j3}(a_3), g_{j4}(a_4), g_{j5}(a_5), g_{j6}(a_6), g_{j7}(a_7), g_{j8}(a_8)]^{\mathrm{T}}$。$\xi(t)$ 表示先前接收到的输出测量 x_1：

$$\xi(t) = \begin{cases} \hat{x}_1(t_k), & \Gamma(t) = 0, \\ \hat{x}_1(t), & \Gamma(t) = 1, \end{cases} \tag{9.49}$$

式中，$\Gamma(t)$——触发条件，是 t_k 触发条件确定的传输瞬间。只有当 $\Gamma(t) = 1$ 时，才更新 $\xi(t)$ 值。

对于第 i 个观测器，$g_{1i}(\cdot)$ 和 $g_{2i}(\cdot)$ 设计为 $g_{1i}(y_1) = b_i y_1 + \varphi(y_1)$ 和 $g_{2i}(y_1) = c_i y_1$，b_i 和 c_i 为设计参数，均为正实数，将 $\varphi(\cdot)$ 定义为

$$\varphi(\theta) = \begin{cases} -\dfrac{1}{10}, & \theta < -\dfrac{\pi}{2}, \\ \dfrac{1}{10}\sin\theta, & -\dfrac{\pi}{2} \leq \theta \leq \dfrac{\pi}{2}, \\ \dfrac{1}{10}, & \theta > \dfrac{\pi}{2}. \end{cases} \tag{9.50}$$

为方便分析，定义 $\hat{\tilde{x}}_j$，$\hat{e}_j$ 和 $\hat{e}_i$ 分别为

$$
\begin{cases}
\hat{\tilde{x}}_j := \hat{x}_j - \tilde{x}_j, \\[2mm]
\hat{e}_j := [\hat{e}_{j1}, \hat{e}_{j2}, \hat{e}_{j3}, \hat{e}_{j4}, \hat{e}_{j5}, \hat{e}_{j6}, \hat{e}_{j7}, \hat{e}_{j8}]^T \\[2mm]
\quad = \left[\dfrac{\hat{\tilde{x}}_{j1}}{\varepsilon_1^{2-j}}, \dfrac{\hat{\tilde{x}}_{j2}}{\varepsilon_2^{2-j}}, \dfrac{\hat{\tilde{x}}_{j3}}{\varepsilon_3^{2-j}}, \dfrac{\hat{\tilde{x}}_{j4}}{\varepsilon_4^{2-j}}, \dfrac{\hat{\tilde{x}}_{j5}}{\varepsilon_5^{2-j}}, \dfrac{\hat{\tilde{x}}_{j6}}{\varepsilon_6^{2-j}}, \dfrac{\hat{\tilde{x}}_{j7}}{\varepsilon_7^{2-j}}, \dfrac{\hat{\tilde{x}}_{j8}}{\varepsilon_8^{2-j}}\right]^T, \quad j \in \{1,2\}, \\[2mm]
\hat{e}_i := [\hat{e}_{1i}, \hat{e}_{2i}]^T, \quad i \in \{1,2,\cdots,8\},
\end{cases}
\tag{9.51}
$$

式中，$\hat{e}_i$ 由 $\hat{e}_1$ 和 $\hat{e}_2$ 的第 i 个元素组成，表示第 i 个观测器的观测误差。

将采样误差 $\boldsymbol{\sigma}(t)$ 定义为 $\boldsymbol{\sigma}(t) = \dfrac{1}{\varepsilon}[\hat{x}_1(t_k) - \hat{x}_1(t)]$，$t \in [t_k, t_{k+1})$，为了简洁，定义 $\alpha_j(\boldsymbol{e}_1, \boldsymbol{\sigma})$ 为 $\alpha_j(\boldsymbol{e}_1, \boldsymbol{\sigma}) = g_j(\boldsymbol{e}_1, \boldsymbol{\sigma}) - g_j(\boldsymbol{e}_1)$，$j \in \{1,2\}$。

令 $\varepsilon_{\min}$ 与 $\varepsilon_{\max}$ 分别表示 $\{\varepsilon_1, \varepsilon_2, \varepsilon_3\}$ 中的最小值与最大值，设计的事件驱动观测器具有以下形式：

$$
\Gamma(t) = \begin{cases}
0, & \sum\limits_{i=1}^{3}\sum\limits_{j=1}^{2} |\alpha_{ji}(\hat{e}_{1i}, \sigma_i)| \leqslant \Psi\varepsilon_{\min}, \\[3mm]
1, & \text{其他},
\end{cases}
\tag{9.52}
$$

式中，$a_{ji}(\cdot)$ ——向量 $\boldsymbol{a}_j(\cdot)$ 的第 i 个元素；

$\quad\sigma_i$ ——采样误差 σ 的第 i 个元素；

$\quad\Psi$ ——给定常数。

9.4.3　事件驱动自抗扰姿轨耦合控制器设计

根据前两节得到的卫星姿轨耦合模型，我们设计了如上述的扩张状态观测器用来观测系统状态。同时，我们在整个系统中加入了事件触发条件，作为系统状态传输的判断依据。自抗扰控制器的核心是将包括建模误差在内的扰动作为系统的一个扩张状态，并通过扩张状态观测器进行观测，然后在控制律中对其进行补偿，控制律可以设计为跟踪误差的线性反馈或非线性反馈。

根据扩张状态观测器观测到的状态值，设计如下状态反馈控制律：

$$
\hat{\boldsymbol{F}}_u = -\hat{\boldsymbol{J}}_M \tilde{\boldsymbol{K}}_1 \tilde{\boldsymbol{x}}_1 - \hat{\boldsymbol{J}}_M \tilde{\boldsymbol{K}}_2 \tilde{\boldsymbol{x}}_2,
\tag{9.53}
$$

式中，$\tilde{\boldsymbol{K}}_i = \mathrm{diag}\{K_{i,1}, K_{i,2}, K_{i,3}, K_{i,4}, K_{i,5}, K_{i,6}, K_{i,7}, K_{i,8}\}$，$K_{ij} > 0$ 为常数，$i = 1, 2$，$j = 1, 2, \cdots, 8$。

在此，我们将研究前一节中概述的问题。式（9.53）中的控制律 $\hat{\boldsymbol{F}}_\mathrm{u}$ 也可以表示为

$$\hat{\boldsymbol{F}}_\mathrm{u} = -\hat{\boldsymbol{J}}_\mathrm{M}\tilde{\boldsymbol{K}}_1\hat{\boldsymbol{x}}_1 + \hat{\boldsymbol{J}}_\mathrm{M}\tilde{\boldsymbol{K}}_1(\hat{\boldsymbol{x}}_1 - \tilde{\boldsymbol{x}}_1) - \hat{\boldsymbol{J}}_\mathrm{M}\tilde{\boldsymbol{K}}_2\tilde{\boldsymbol{x}}_2$$

$$= -\hat{\boldsymbol{J}}_\mathrm{M}\tilde{\boldsymbol{K}}_1\hat{\boldsymbol{x}}_1 + \hat{\boldsymbol{J}}_\mathrm{M}\tilde{\boldsymbol{K}}_1\varepsilon\hat{\boldsymbol{e}}_1 - \hat{\boldsymbol{J}}_\mathrm{M}\tilde{\boldsymbol{K}}_2\tilde{\boldsymbol{x}}_2. \tag{9.54}$$

9.4.4 数值仿真

本章使用 MATLAB/Simulink 对静止轨道卫星的姿轨耦合控制进行仿真验证。平经度隔离卫星轨道根数如表 9.1 所示，已知卫星的期望轨道位置及对地指向，通过对控制器进行设计使实际卫星运动的轨道与姿态按照期望运行。卫星考虑 J_2 摄动力与重力梯度力矩的干扰。仿真时间为 500 s，仿真步长为 0.01 s。

表 9.1 平经度隔离卫星轨道根数

参数	半长轴/km	倾角/(°)	偏心率	近地点幅角/(°)	升交点赤经/(°)	真近点角/(°)
数值	42 164.17	0	0	0	121.44	99.22

1. 事件驱动扩张状态观测器效果验证

本节将通过数值仿真来验证所提出的事件驱动扩张状态观测器（ET - ESO）的理论分析结果。追踪卫星对偶惯量矩阵为

$$\hat{\boldsymbol{J}}_\mathrm{M} = \begin{pmatrix} 0 & 0 & 0 & 0 & 1 & 0 & 0 & 0 \\ 0 & 0 & 0 & 0 & 0 & 100 & 0 & 0 \\ 0 & 0 & 0 & 0 & 0 & 0 & 100 & 0 \\ 0 & 0 & 0 & 0 & 0 & 0 & 0 & 100 \\ 1 & 0 & 0 & 0 & 0 & 0 & 0 & 0 \\ 0 & 22 & 0.0002 & 0.0005 & 0 & 0 & 0 & 0 \\ 0 & 0.0002 & 20 & 0.0004 & 0 & 0 & 0 & 0 \\ 0 & 0.0005 & 0.0004 & 23 & 0 & 0 & 0 & 0 \end{pmatrix}. \tag{9.55}$$

同时，惯性矩阵的参数不确定性和未知外部干扰分别假设为

$$\Delta \bar{\boldsymbol{J}} = \mathrm{diag}[0, 0.1\sin(0.1t), 0.2\sin(0.2t), 0.1\sin(0.1t),$$
$$0, 0.2\sin(0.2t), 0.3\sin(0.3t), 0.1\sin(0.1t)],$$

$$(9.56)$$

$$\boldsymbol{d}(t) = \mathrm{diag}[0, 2.5 \times 10^{-5}, 4.5 \times 10^{-5}, 3.6 \times 10^{-5},$$
$$0, 1.5 \times 10^{-6}\sin(0.1t), 3 \times 10^{-5}\sin(0.2t), 1.5 \times 10^{-6}\sin(0.1t)].$$

$$(9.57)$$

与式（9.48）中 8 个子观测器的参数选择相同，即对于 $i \in \{1, 2, 3, 4, 5, 6, 7, 8\}$，$g_{1i}(y_1) = 2y_1 + \varphi(y_1)$ 和 $g_{2i}(y_1) = y_1$，高增益参数选择为 $\varepsilon_1 = \varepsilon_2 = \varepsilon_3 = 2$，事件驱动阈值 $\Psi = 10$。式（9.39）中的参数 $\boldsymbol{K}$ 和式（9.53）中的 $\tilde{\boldsymbol{K}}_i$ 分别为 $\boldsymbol{K} = \mathrm{diag}(0, 1, 1, 1, 0, 1.5, 1.5, 1.5)$，$\tilde{\boldsymbol{K}}_1 = \mathrm{diag}(0, 15, 15, 15, 0, 15, 15, 15)$ 及 $\tilde{\boldsymbol{K}}_2 = \mathrm{diag}(0, 20, 20, 20, 0, 10, 10, 10)$。

图 9.4 所示为状态观测器观测得到的系统状态 $\hat{\boldsymbol{x}}_1$ 的观测值 $\tilde{\boldsymbol{x}}_1$，即耦合状态 $\hat{z} = \hat{\boldsymbol{\omega}}_{\mathrm{BD}}^{\mathrm{B}} + \boldsymbol{K}\hat{\boldsymbol{q}}_{\mathrm{BD}}$ 的观测值。图 9.5 所示为状态观测器的观测值 $\tilde{\boldsymbol{x}}_1$ 与系统状态 $\hat{\boldsymbol{x}}_1$ 的观测误差。图 9.6 所示为状态观测器观测对于扩张状态 $\hat{\boldsymbol{x}}_2$ 的观测值 $\tilde{\boldsymbol{x}}_2$，也就是整合了未知扰动信息、J_2 摄动力、速度旋量和姿态对偶四元数等信息的总扰动值。

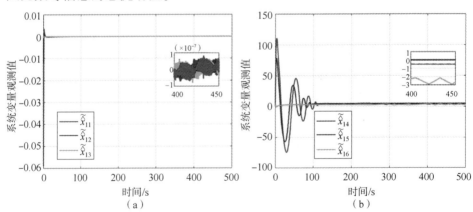

（a）   （b）

图 9.4 状态观测器观测值 $\tilde{\boldsymbol{x}}_1$（附彩图）

（a）实数部分观测值；（b）对偶部分观测值

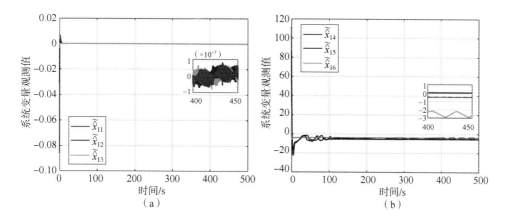

图9.5 状态观测器的观测值 $\hat{\mathfrak{x}}_1$ 与系统状态 $\mathfrak{x}_1$ 的观测误差（附彩图）

（a）实数部分观测误差；（b）对偶部分观测误差

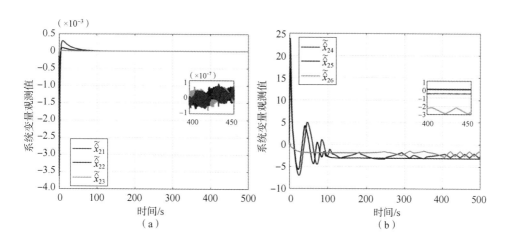

图9.6 状态观测器观测对于扩张状态 $\mathfrak{x}_2$ 的观测值 $\hat{\mathfrak{x}}_2$（附彩图）

（a）实数部分观测值；（b）对偶部分观测值

  对于本章设计的事件驱动扩张状态观测器，若采样误差高于设定值，则观测器输出当前时刻的状态值；若采样误差低于设定值，则观测器输出上一时刻的状态值。对于本章采用的控制器及其他参数，事件触发开关情况如图9.7所示。

  从上述三幅图中可以看出，事件驱动条件仅在某些特定的离散时间点进行触发，并且具有良好的观测特性。本章所设计的事件触发扩张状态观测器的观测值在容许范围内存在一定误差，但大幅度降低了系统的通信率。

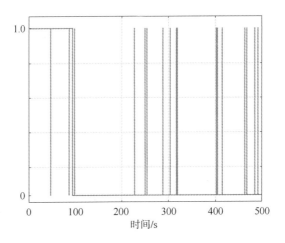

图 9.7　事件触发开关值（附彩图）

2. 事件驱动自抗扰控制器效果验证

在本节中，通过数值仿真来验证提出的事件驱动控制器的有效性。

卫星初始位置为

$$\boldsymbol{r}_{\text{BI}}^{\text{I}}(0) = [-2.449\,597\,634 \times 10^7, -3.432\,118\,337 \times 10^7, 4.771\,510\,7 \times 10^4],$$

初始姿态四元数为

$$\boldsymbol{q}_{\text{BI}}(0) = [-0.656\,502\,366\,324\,617, 0.295\,078\,883\,603\,015,$$
$$-0.250\,099\,360\,961\,440, 0.647\,598\,181\,829\,177]^{\text{T}},$$

卫星期望参数为卫星在理想状态下实际运行时的参数值，其期望位置 $\boldsymbol{r}_{\text{DI}}^{\text{I}}$ 为满足表 9.1 所示平经度隔离卫星轨道根数条件下的轨道参数，期望姿态 $\boldsymbol{q}_{\text{DI}}$ 为保持对地指向的姿态值。

图 9.8 ~ 图 9.13 所示为在控制器参数 $\tilde{\boldsymbol{K}}_i$ 分别为 $\tilde{\boldsymbol{K}}_1 = \text{diag}(0,15,15,15,0,15,15,15)$ 及 $\tilde{\boldsymbol{K}}_2 = \text{diag}(0,20,20,20,0,10,10,10)$ 时卫星各参数的控制效果。

由图 9.14 及图 9.15 可以直观看出在所设计的事件驱动自抗扰控制器下卫星的期望值与实际值的误差变化。

图 9.16 所示为实现上述控制效果的实际控制器输出，包括控制相对距离的控制力及控制姿态的控制力矩。

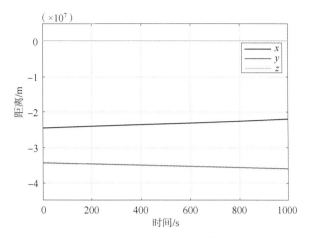

图 9.8　卫星期望运动轨迹（附彩图）

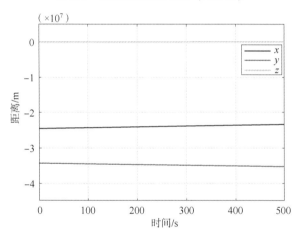

图 9.9　卫星实际运动轨迹（附彩图）

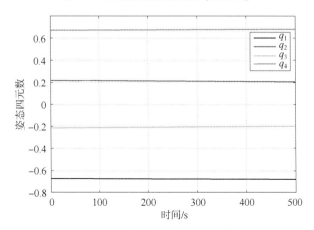

图 9.10　卫星期望姿态四元数（附彩图）

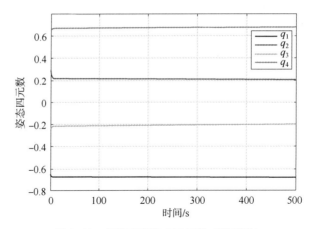

图 9.11　卫星实际姿态四元数（附彩图）

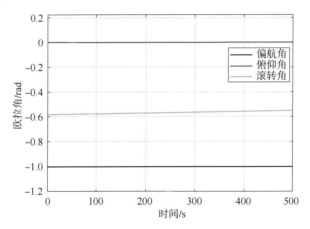

图 9.12　卫星期望欧拉角（附彩图）

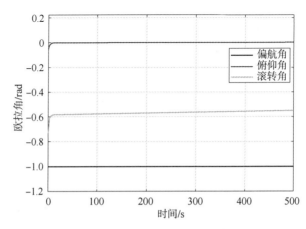

图 9.13　卫星实际欧拉角（附彩图）

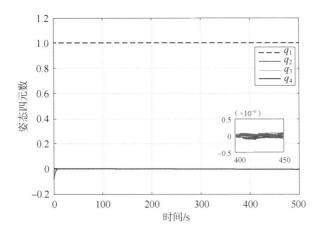

图 9.14　卫星实际运动姿态与期望值的误差四元数（附彩图）

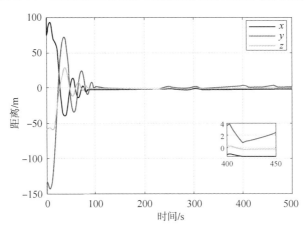

图 9.15　卫星实际运动轨迹与期望值的相对距离（附彩图）

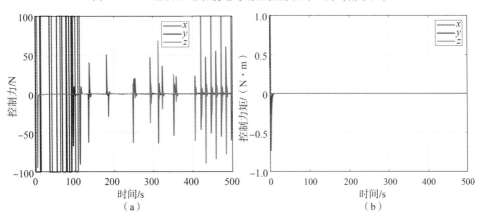

（a）　　　　　　　　　　　　　　（b）

图 9.16　卫星控制力及控制力矩（附彩图）

（a）卫星控制力；（b）卫星控制力矩

总的来说，本章设计的事件驱动自抗扰控制器可以在误差允许的范围内实现存在姿轨耦合影响的卫星的位置与姿态控制，且能够显著降低平均数据传输速率，这对于在轨卫星减少能量消耗具有重要意义。

9.5　通信卫星姿态控制系统应用分析

在轨服务中相对位置和相对姿态的耦合非线性控制问题是近年来才被提出的。由于传统的姿轨控制采取分别控制的方式，往往并不考虑姿态运动和轨道运动的耦合关系，而在较近距离的卫星相对位姿控制中，由于对控制精度的要求较高，故传统的分别建模、分别控制的方法的局限性也逐渐暴露，甚至在有些任务中已经提出设计姿轨一体的控制器的需求。此外，在通信卫星通常运行的 GEO 轨道，空间环境因素会大大提高在轨故障概率，飞行经验表明，地球静止卫星的故障中有 40% 是由环境因素造成的。相较于传统的姿态控制算法，自抗扰控制能够在不基于模型的基础上实现对外部扰动及不确定性的有效补偿，并完成对卫星姿态的高精度控制，因而具有广阔的应用前景。

事件驱动的核心思想：通过设计合适的事件驱动条件，实现在保证系统原有性能的基础上降低控制器（或估计器）的通信频率。对通信卫星而言，在系统设计阶段，会预先考虑整星的带宽使用，从而在设计时充分预留相关任务所需的带宽。事件驱动机制的引入所带来的优势，主要有以下几方面：首先，事件驱动机制能够有效降低卫星姿态估计与控制的带宽需求，从而在系统设计阶段能够降低带宽需求比例，为其他载荷的使用节省出带宽空间；其次，对于预留出足够带宽的系统，事件驱动机制的引入能够提高带宽的使用效率，提高有限带宽下并行任务的数量；最后，事件驱动机制的引入能节省星载计算机的计算资源，降低系统能耗，提高卫星的总体寿命。

9.6　小　结

本章首先介绍了用于描述姿轨耦合运动的对偶四元数方法，并给出了相关的坐标系定义。基于对偶四元数姿轨耦合建模表达方法，本章介绍了对卫星姿轨耦合控制的动力学模型与运动学模型的构建。在对偶四元数模型基础上，本章设计了一种事件触发自抗扰控制器，实现了对姿轨控制误差的动态补偿与姿轨的实施控制。本章利用 MATLAB/Simulink 平台进行了数值仿真。仿真结果显示，本章所设计的模型与控制器能够很好地实现卫星位置与姿态保持控制。

| 参考文献 |

［1］ FILIPE N，TSIOTRAS P. Adaptive position and attitude – tracking controller for satellite proximity operations using dual quaternions ［J］. Journal of Guidance，Control，and Dynamics，2013，38（4）：566 – 577.

［2］ 王剑颖. 航天器姿轨一体化动力学建模、控制与导航方法研究 ［D］. 哈尔滨：哈尔滨工业大学，2013.

［3］ 方向. 基于对偶四元数的航天器相对位姿耦合自适应控制 ［D］. 哈尔滨：哈尔滨工业大学，2015.

［4］ 张洪珠. 基于对偶四元数的航天器姿轨一体化动力学建模与控制 ［D］. 哈尔滨：哈尔滨工业大学，2010.

［5］ 杨嘉庚. 航天器相对运动姿轨耦合跟踪控制 ［D］. 哈尔滨：哈尔滨工业大学，2016.

［6］ BRODSKY V，SHOHAM M. Dual numbers representation of rigid body dynamics ［J］. Mechanism and Machine Theory，1999，34（5）：693 – 718.

第 10 章

总结与展望

通信卫星是世界上应用最早和应用最广的卫星之一，随着计算机、机械、导航与控制技术的长足发展，通信卫星姿轨控制技术也在不断向前发展。近年来，通信卫星已经由原来的单星向星群、星座方向发展。因此，通信卫星姿轨控制系统也逐步向小型化、自主化、高精度等方向发展。本书以通信卫星为研究对象，研究了通信卫星姿轨控制系统的设计方法；针对通信卫星姿轨高精度控制问题，在考虑外部干扰与模型不确定性的情况下，重点研究了包括事件驱动控制、自抗扰控制、模型预测控制等先进控制算法在通信卫星姿轨控制中的应用。

本书首先针对通信卫星姿轨控制系统设计问题，阐述了通信卫星姿轨控制系统的设计思路与相关器件的选型原则，给出了从通信卫星总体任务分析到卫星姿轨控制系统设计的系统化设计思路。其次，针对通信卫星的抗干扰姿态追踪问题，本书研究了事件驱动的卫星自抗扰姿态控制方法，解决了在通信资源受限情况下卫星姿态的高精度抗干扰跟踪控制问题。随后，对于通信卫星轨道确定问题，本书设计了事件驱动学习的卫星定轨算法，可为高精度轨道控制提供保障。同时，针对静止轨道卫星的自主位置保持控制问题，本书研究了基于模型预测控制的静止轨道卫星和卫星编队的事件驱动位置保持控制算法，解决了基于机器学习方法的摄动补偿问题和带有模型不确定性的静止轨道卫星编队的构型保持问题。最后，针对通信卫星编队的姿轨耦合控制问题，本书研究了基于对偶四元数的事件驱动卫星编队姿轨耦合控制器，解决了通信卫星姿态轨道一体化建模与控制问题。

本书研究成果对于通信卫星的姿轨控制算法设计具有一定的创新性和

实际贡献。但是，由于通信卫星所处空间环境复杂多变、卫星姿态及轨道控制任务呈现多样化特点等，对于通信卫星的事件驱动姿轨控制仍有待进一步研究。首先，本书分别针对通信卫星姿态控制、轨道确定、轨道控制和姿轨耦合控制问题进行研究，各部分研究内容相对独立，对整个系统的稳定性与可靠性研究有待进一步开展。随着"数字伴飞"技术的发展，未来针对整个卫星姿轨控制系统乃至整个卫星系统的研究将愈加重要。其次，虽然模型预测控制能够实现通信卫星轨道高精度位置保持控制，但模型预测控制器需要求解优化问题，因而优化问题的设计与求解对于模型预测控制算法能否真正应用于卫星自主控制至关重要。今后在这方面还要进行深入探究，以便获得更简练的约束设计方法与更快速的优化问题求解方法，在卫星平台有限的计算资源上实现对卫星轨道位置的高精度预测与控制。最后，虽然引入机器学习能够极大地提高控制精度，但机器学习算法所带来的巨大计算量对于自主控制卫星来说仍是巨大的挑战，因而对于学习策略与学习场景的优化也是未来亟待解决的问题。

随着通信卫星星座的发展，多星系统也为卫星姿轨控制带来了更多的挑战。例如，在通信卫星星座建设中，需要建立星间链路，考虑到天线摆角的约束，卫星间的相对角度也会被作为姿轨控制的一个重要参考指标。此外，如何设计合适的事件驱动条件，以进一步提高采样控制效率、降低卫星内部以及卫星间的通信频率，也是通信卫星事件驱动姿轨控制的一个重要研究方向。

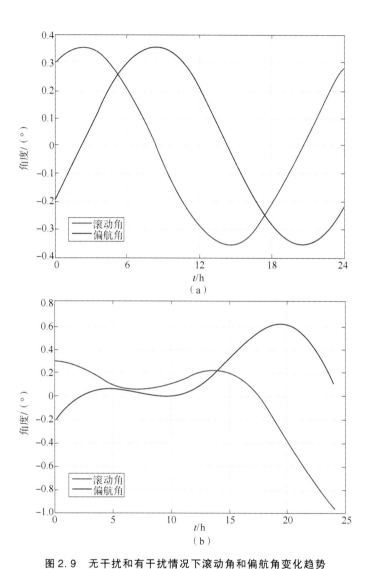

图 2.9 无干扰和有干扰情况下滚动角和偏航角变化趋势

（a）无外力矩干扰时角度变化趋势；（b）太阳光压干扰下角度变化趋势

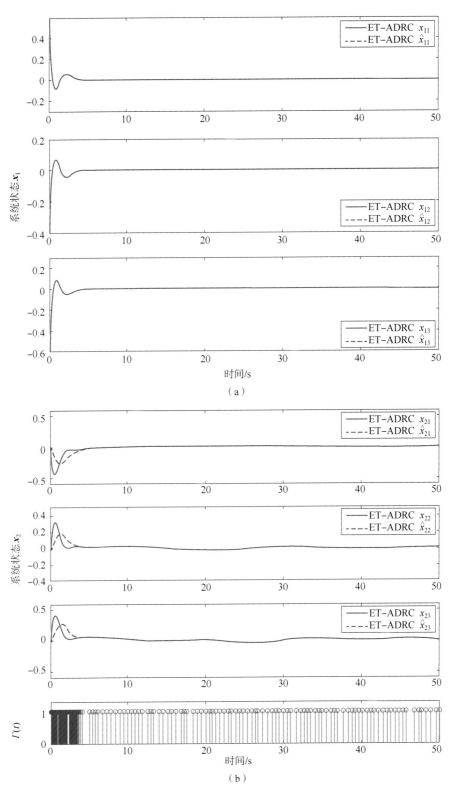

图 5.1　正弦波形式下事件驱动扩张状态观测器观测性能

（a）系统状态 x_1；（b）系统状态 x_2

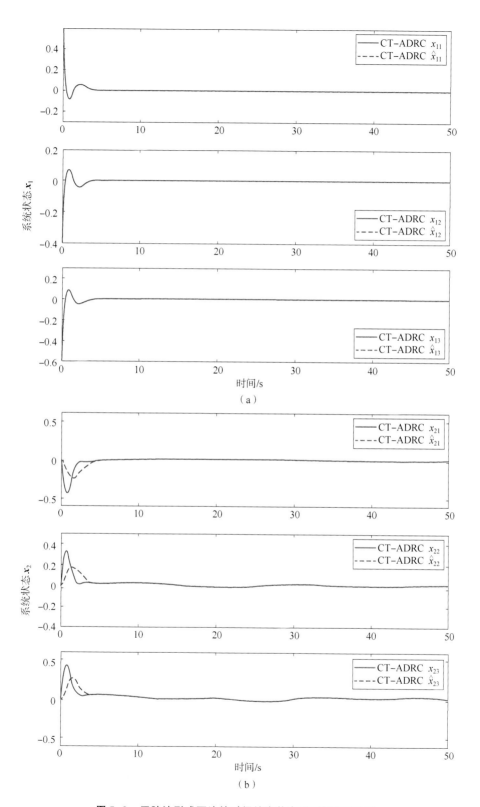

图 5.2　正弦波形式下连续时间扩张状态观测器观测性能

（a）系统状态 x_1；（b）系统状态 x_2

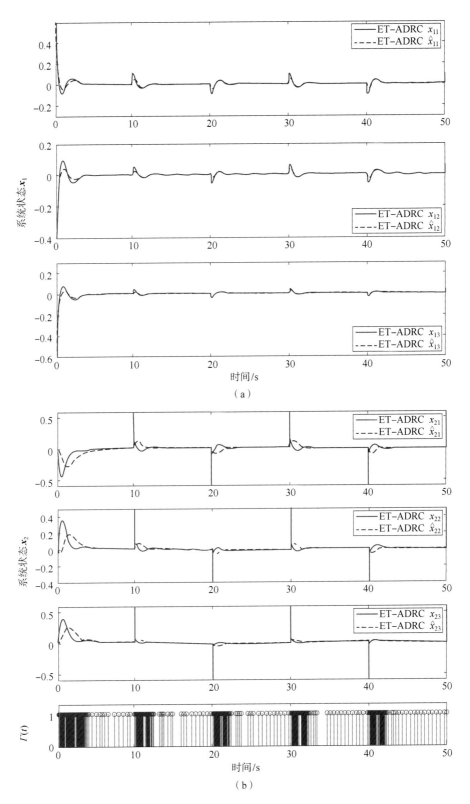

图 5.3　方波形式下事件驱动扩张状态观测器观测性能

（a）系统状态 x_1；（b）系统状态 x_2

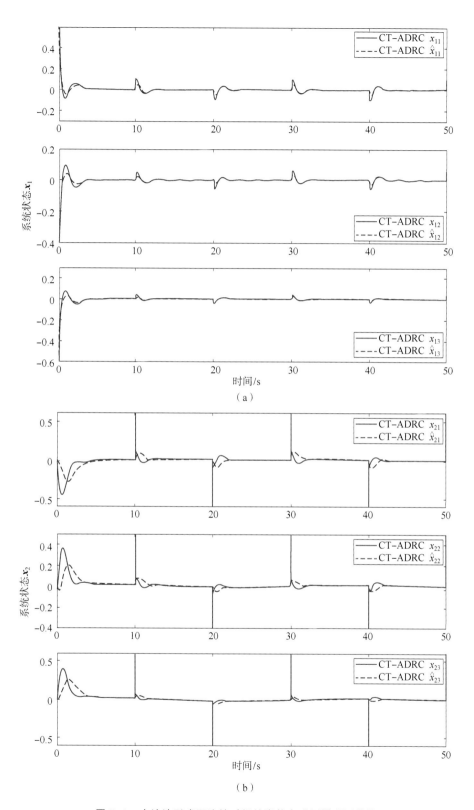

图 5.4　方波波形式下连续时间扩张状态观测器观测性能

（a）系统状态 x_1；（b）系统状态 x_2

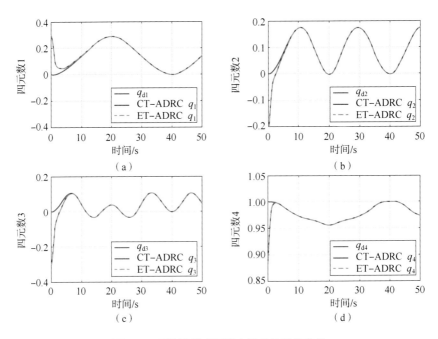

图 5.6　正弦波形式下姿态四元数跟踪结果

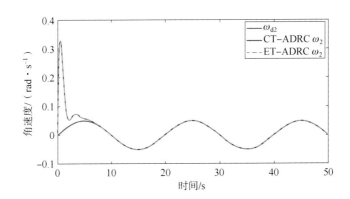

图 5.7　正弦波形式下角速度跟踪结果

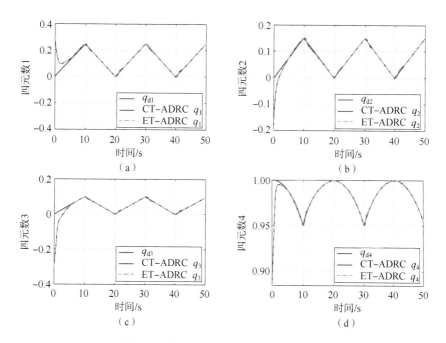

图5.8　方波形式下姿态四元数跟踪结果

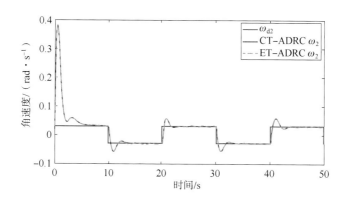

图5.9　方波形式下角速度跟踪结果

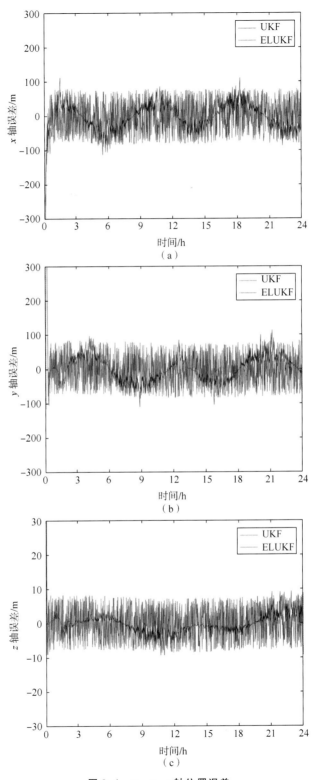

图6.4 x、y、z轴位置误差

（a）x轴误差；（b）y轴误差；（c）z轴误差

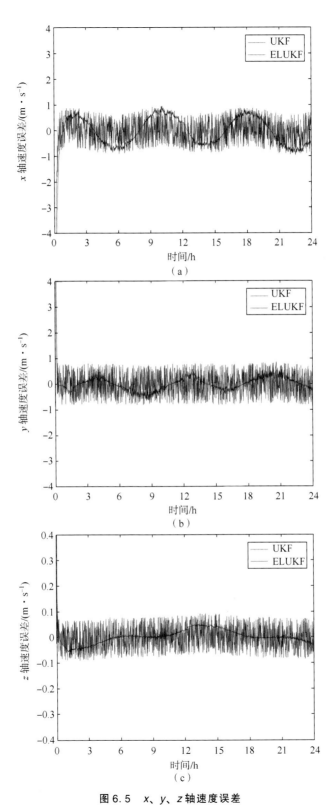

图6.5　x、y、z轴速度误差

（a）x轴速度误差；（b）y轴速度误差；（c）z轴速度误差

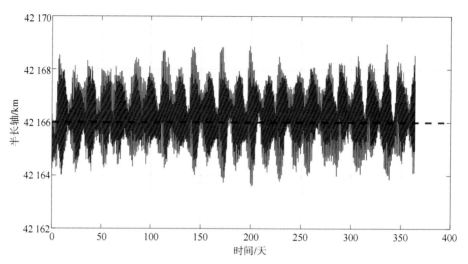

图 7.4　在一年中，半长轴（蓝色实线）的变化以及初始半长轴（红色虚线）

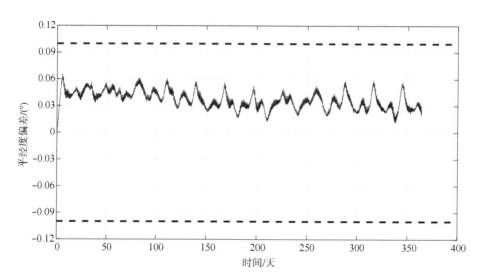

图 7.5　在一年中，平经度（蓝色实线）的变化和平经度偏差的上下界（红色虚线）

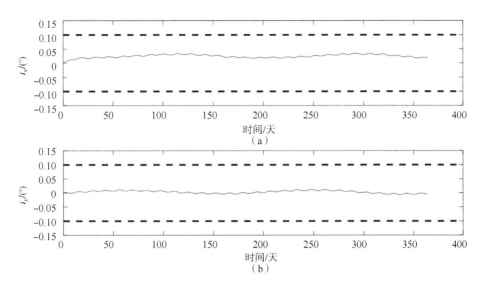

图 7.6 在一年中，总倾角矢量（i_x、i_y）（蓝色实线）的变化和倾斜角矢量的上下限（红色虚线）

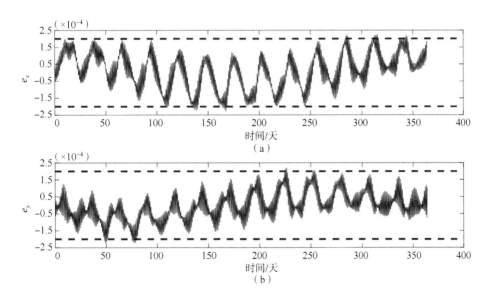

图 7.7 在一年中，总偏心率矢量（e_x、e_y）（蓝色实线）的变化和偏心率矢量的上下限（红色虚线）

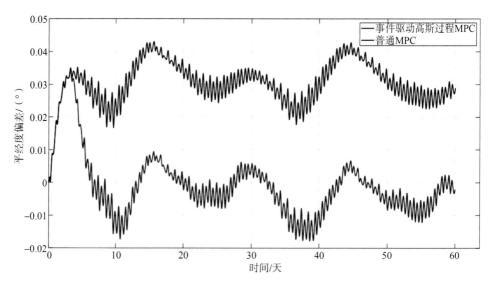

图 7.11　事件驱动高斯过程模型预测控制与普通模型预测控制的效果对比

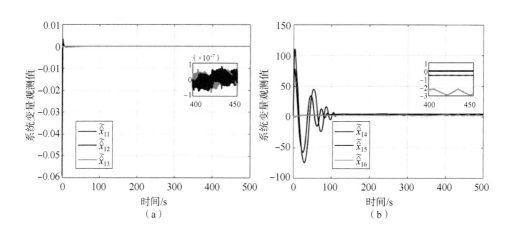

图 9.4　状态观测器观测值 $\tilde{x}_1$

（a）实数部分观测值；（b）对偶部分观测值

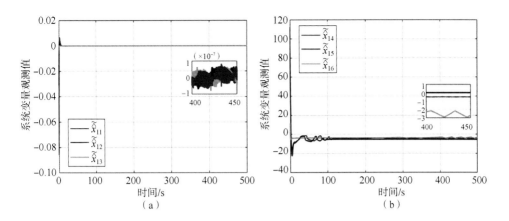

图 9.5 状态观测器的观测值 $\tilde{\mathfrak{x}}_1$ 与系统状态 $\mathfrak{x}_1$ 的观测误差

（a）实数部分观测误差；（b）对偶部分观测误差

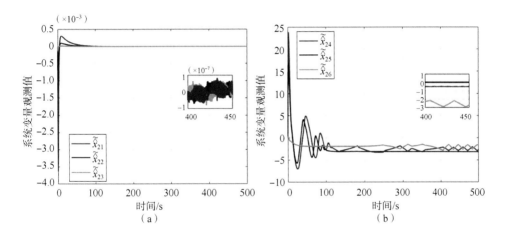

图 9.6 状态观测器观测对于扩张状态 $\mathfrak{x}_2$ 的观测值 $\tilde{\mathfrak{x}}_2$

（a）实数部分观测值；（b）对偶部分观测值

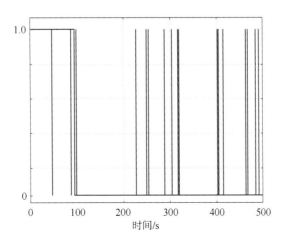

图 9.7 事件触发开关值

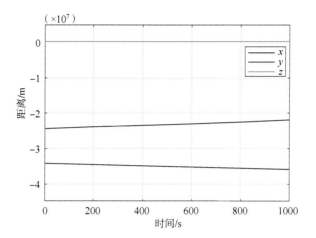

图 9.8　卫星期望运动轨迹

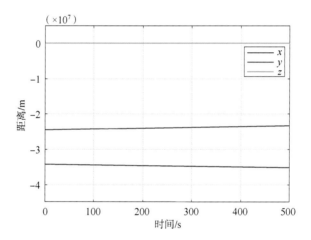

图 9.9　卫星实际运动轨迹

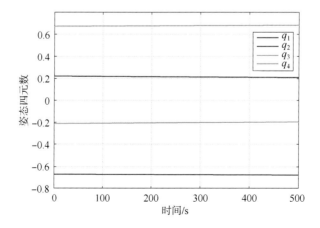

图 9.10　卫星期望姿态四元数

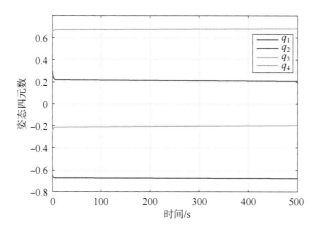

图 9.11 卫星实际姿态四元数

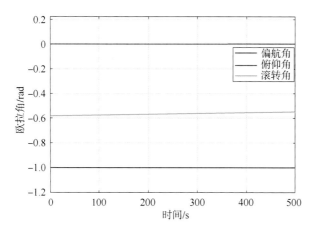

图 9.12 卫星期望欧拉角

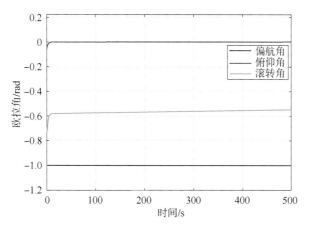

图 9.13 卫星实际欧拉角

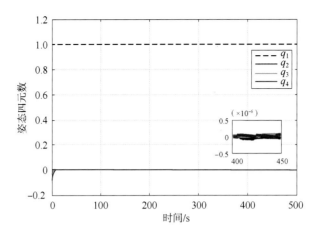

图 9.14　卫星实际运动姿态与期望值的误差四元数

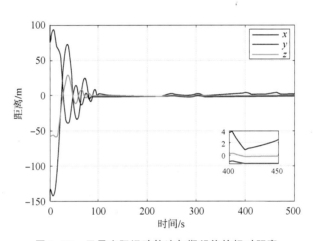

图 9.15　卫星实际运动轨迹与期望值的相对距离

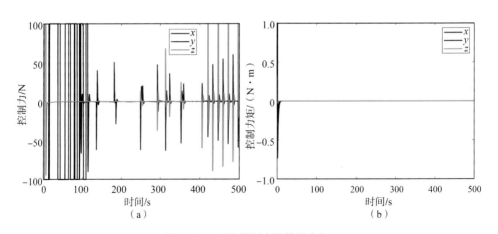

图 9.16　卫星控制力及控制力矩

（a）卫星控制力；（b）卫星控制力矩